Farouk CHETOUAH

Antenas planares e técnicas de miniaturização

Farouk CHETOUAH

Antenas planares e técnicas de miniaturização

ScienciaScripts

Imprint

Cover image: www.ingimage.com

This book is a translation from the original published under ISBN 978-620-6-72269-4.

Publisher:
Sciencia Scripts
is a trademark of
Dodo Books Indian Ocean Ltd. and OmniScriptum S.R.L publishing group

120 High Road, East Finchley, London, N2 9ED, United Kingdom
Str. Armeneasca 28/1, office 1, Chisinau MD-2012, Republic of Moldova, Europe
Printed at: see last page
ISBN: 978-620-8-35108-3

Conteúdo

Introdução geral

Atualmente, a utilização e a procura crescentes de vários dispositivos de comunicação sem fios em diferentes domínios, como a medicina, a defesa ou a aeronáutica, motivam os fabricantes a desenvolver constantemente novos sistemas de comunicação sem fios. Neste contexto, esta tecnologia tem registado progressos consideráveis nos últimos anos no domínio dos circuitos de micro-ondas. No entanto, a antena continua a ocupar o maior volume na cadeia de comunicação, o que implica um aumento do tamanho global que dificulta a sua implementação em pequenas áreas.

Há várias décadas que os projectistas de antenas têm vindo a estudar a sua miniaturização com bom desempenho em termos de ganho ou largura de banda. Várias técnicas têm sido propostas para reduzir o tamanho das antenas, tais como a abordagem de carregamento com um dielétrico de permissividade muito elevada, a utilização de elementos indutivos ou capacitivos e a tecnologia de curto-circuito.

A estrutura com defeito do plano de terra (DGS) é outra forma de conseguir a miniaturização e reduzir o tamanho da antena. Na literatura científica, há uma série de abordagens que utilizam a técnica de miniaturização DGS.

Apesar das suas larguras de banda estreitas, as antenas de microfita continuam a ser amplamente utilizadas em redes de comunicações sem fios devido ao seu baixo custo de fabrico e simplicidade de conceção.

O objetivo deste trabalho é conceber e modelar antenas planares (antenas de microfita e antenas de ressonador dielétrico), otimizar o seu desempenho em frequências UHF e fabricar estas antenas para utilização em sistemas de comunicação sem fios. O objetivo do trabalho proposto é estudar o potencial de miniaturização em frequências de micro-ondas, combinando técnicas de radiação electromagnética com as caraterísticas dos materiais escolhidos.

Para levar a cabo este trabalho, foram definidos dois domínios:

A primeira área diz respeito à escolha de materiais dieléctricos (com permissividades muito elevadas e perdas reduzidas) para integração em antenas planas, a fim de obter uma miniaturização.

O segundo domínio diz respeito ao fabrico e à modelização de antenas planares miniaturizadas utilizando a técnica DGS (Defected Ground Structure), bem como ao desenvolvimento da estrutura e à melhoria da largura de banda.

O livro está organizado nos cinco capítulos seguintes:

O primeiro capítulo descreve os conceitos e princípios básicos do eletromagnetismo e das ondas planas.

<u>Introdução geral</u>

O Capítulo II inclui as caraterísticas дёпёraШёз e ёlectricas e ёlectromagnёtic de antenas planares (antenas de microfita e antenas de ressonador dielétrico).

No capítulo III, discutiremos o estado da arte das quatro técnicas de miniaturização utilizadas nesta investigação:

- Alteração do plano do sítio (DGS) ;
- Carregamento com materiais de permissividade muito elevada;
- Integração de elementos localizados ;
- Curto-circuito.

O Capítulo IV apresenta uma visão geral das propriedades dos ressoadores de

permissividade dieléctrica ultra-alta, juntamente com um modelo e uma análise electromagnética de uma antena miniatura de ressoador dielétrico carregada com este material.
O último capítulo é dedicado ao fabrico de duas antenas de microfita miniaturizadas utilizando a técnica DGS; a primeira antena tem uma largura de banda estreita, enquanto a segunda é de banda larga. O software de modelação CST foi utilizado para analisar as estruturas das antenas. Para validar os resultados numéricos, foram efectuadas medições. Estes resultados foram satisfatórios.

Capítulo I

Propriedades das ondas electromagnéticas

1. Introdução

Um meio uniforme pode ser especificado por um pequeno conjunto de parâmetros descritivos cujo comportamento das ondas em tais meios pode ser facilmente descrito. Algumas das principais propriedades das ondas ëlectromagnëticas que viajam no espaço livre e noutros meios uniformes são prësentëes neste capítulo. Ele estabelece os parâmetros básicos e as relações que são usadas ao considerar problemas de antenas e propagação em capítulos posteriores.

2. Equações de Maxwell [1]

2.1. Equações de Maxwell

A existência de ondas electromagnéticas em propagação pode ser prevista como uma consëquência direta das equações de Maxwell (1865). Estas equações especificam as relações entre o vetor do campo elétrico E e o vetor do campo magnético H que variam no tempo e no espaço num meio.

As ëquações de Maxwell dëcriam todas as phënomënes ëlectromagnëticas (clássicas):

$$\begin{cases} \nabla \times \vec{E} = -\dfrac{\partial \vec{B}}{\partial t} \\ \nabla \times \vec{H} = \vec{J} + \dfrac{\partial \vec{D}}{\partial t} \\ \nabla D = \rho \\ \nabla B = 0 \end{cases} \quad \text{(Equations de Maxwell)} \qquad (1.1)$$

(equações de Maxwell)

A primeira ëquação é a lei de Faraday da indução, a segunda é a lei de Ampëre modificada por Maxwell para incluir a corrente de deslocamento SD/dt, a terceira e a quarta são as leis de Gauss para os campos elétrico e magnético.

O termo da corrente de deslocamento SD/5t na lei de Ampëre é essencial para prever a existência de ondas electromagnéticas em propagação. As equações (1.1) estão em unidades SI. As quantidades E e H são as intensidades dos campos elétrico e magnético e são medidas em unidades de [volt/m] e [ampere/m], respetivamente.

[22]As quantidades D e B são as densidades de fluxo elétrico e magnético e são expressas em unidades de [coulomb/m] e [weber/m], ou [tesla].

D é também designado por deslocamento elétrico, e B, por indução magnética. Os quantis p e J são a densidade de carga volúmica e a densidade de corrente eléctrica (fluxo de carga) de qualquer carga externa. [32]São medidas em unidades de [coulomb/m] e [ampere/m].

O lado direito da quarta equação é zero porque não existem cargas de monopolo magnético. As densidades de carga e de corrente p, J podem ser consideradas como fontes de campos electromagnéticos. Nos problemas de propagação de ondas, estas densidades estão localizadas no espaço; por exemplo, limitam-se a circular numa antena. Os campos eléctricos e magnéticos gerados são irradiados para longe destas fontes e podem propagar-se a grandes distâncias até às antenas receptoras.

Um campo elétrico é produzido por um campo magnético variável no tempo. Um campo magnético é produzido por um campo elétrico variável no tempo ou por uma corrente.

O mecanismo qualitativo pelo qual as equações de Maxwell dão origem a campos electromagnéticos em propagação é apresentado na figura seguinte.

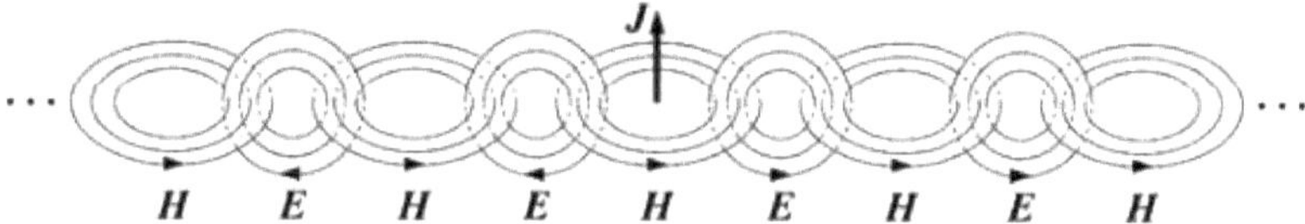

Figura I.1: Propagação de campos electromagnéticos.

Por exemplo, uma corrente variável no tempo numa antena inear gera um campo magnético circulante e variável no tempo H, que, pela lei de Faraday, gera um campo elétrico circulante E, que, pela lei de Ampere, gera um campo magnético e assim por diante. Os campos eléctricos e magnéticos cruzados propagam-se para longe da fonte de corrente.

2.2. Força de Lorentz

A força exercida sobre uma carga q que se move com velocidade и na presença de um campo elétrico e magnético E, B é denominada força de Lorentz e é dada por

$$F = q(E + v \times B) \quad \text{(Force de Lorentz)} \tag{1.2}$$

(força de Lorentz)

A equação do movimento de Newton é (para velocidades não-relativísticas):

$$m\frac{dv}{dt} = F = q(E + v \times B) \tag{1.3}$$

Onde; m é a massa da carga. A força F aumenta a energia cinética da carga a uma taxa igual à taxa de trabalho realizado pela força de Lorentz sobre a carga, ou seja, u. F. De facto, a derivada temporal da energia cinética é:

$$W_{cin} = \frac{1}{2}mv \cdot v \quad \Rightarrow \frac{dW_{cin}}{dt} = mv\frac{dv}{dt} = v \cdot F = qv \cdot E \tag{1.4}$$

Observamos que apenas a força ëlectrica contribui para o aumento da energia cinética; a força magnética permanece perpendicular a u, ou seja: $v \cdot (v \times B) = 0$.

As distribuições de cargas e correntes volúmicas p, J estão também sujeitas a forças na presença de campos. A força de Lorentz por unidade de volume que actua sobre p, J é dada por

$$f = \rho E + J \times B \quad \text{(force de Lorentz par unité de volume)} \tag{1.5}$$

(força de Lorentz por unidade de volume)

[3]Ou ; f é medida em unidades de [newton/m]. Se J resulta do movimento de cargas na distribuição p, então J = pu. Neste caso,

$$f = \rho(E + v \times B) \tag{1.6}$$

$v \cdot f = qv \cdot E = J \cdot E$ Por analogia com a equação (1.4), a quantidade representa a potência por unidade de volume das forças que actuam sobre as cargas em movimento, ou seja, a potência perdida através dos campos e convertida em energia cinética da carga, ou calor. [3]É expressa em [watts/m]. Referimo-nos a ela como:

$$\frac{dP_{perte}}{dV} = J \cdot E \quad \text{(pertes de puissance ohmiques par unité de volume)} \tag{1.7}$$

(perdas de potência óhmica por unidade de volume)

dV

2.3. Relações constitutivas

As densidades de fluxo elétrico e magnético D, B estão relacionadas com as intensidades de campo E, H através das chamadas relações constitutivas, cuja forma precisa depende do material em que os campos existem. No vácuo, estas relações assumem a sua forma mais simples:

$$\begin{cases} D = \varepsilon_0 E \\ B = \mu_0 H \end{cases} \quad (1.8)$$

ε0,Ou ; po são a permissividade e a permeabilidade do vácuo, com valores numéricos:

$$\begin{cases} \varepsilon_0 = 8.854 \times 10^{-12} \, farad \, / \, m \\ \mu_0 = 4\pi \times 10^{-7} \, henry \, / \, m \end{cases} \quad (1.9)$$

As unidades de so e po são as unidades das relações D/E e B/H, por outras palavras:

$$\frac{coulomb \, / \, m^2}{volt \, / \, m} = \frac{coulomb}{volt.m} = \frac{farad}{m}, \quad \frac{weber \, / \, m^2}{ampere \, / \, m} = \frac{weber}{amper.m} = \frac{henry}{m}$$

A partir das duas grandezas assim, po, podemos definir duas outras constantes físicas, nomeadamente a velocidade da luz e a impedância caraterística do vácuo:

$$c_0 = \frac{1}{\sqrt{\mu_0 \varepsilon_0}} = 3 \times 10^8 \, m \, / \sec, \quad \eta_0 = \sqrt{\frac{\mu_0}{\varepsilon_0}} = 377 ohm \quad (1.10)$$

A próxima forma mais simples das relações constitutivas para um dielétrico isotrópico homogéneo simples e para materiais magnéticos é

$$\begin{cases} D = \varepsilon E \\ B = \mu H \end{cases} \quad (1.11)$$

Estas são geralmente válidas a baixas frequências. ε μ A permissividade e a permeabilidade estão relacionadas com as susceptibilidades eléctrica e magnética do material da seguinte forma

$$\begin{cases} \varepsilon = \varepsilon_0 (1 + \chi) \\ \mu = \mu_0 (1 + \chi_m) \end{cases} \quad (1.12)$$

χ, χ_m As susceptibilidades são medidas das propriedades de polarização eléctrica e magnética do material. Por exemplo, temos a densidade do fluxo elétrico:

$$D = \varepsilon E = \varepsilon_0 (1 + \chi) \mathrm{E} = \varepsilon_0 \mathrm{E} + \varepsilon_0 \chi \mathrm{E} = \varepsilon_0 \mathrm{E} + P \quad (1.13)$$

$P = \varepsilon_0 \chi \mathrm{E}$ Onde; a quantidade representa a polarização dieléctrica do material, ou seja, o momento de dipolo elétrico médio por unidade de volume.

Num material magnético, temos:

$$B = \mu_0 (H + M) = \mu_0 (H + \chi_m H) = \mu_0 (1 + \chi_m) H = \mu H \quad (1.14)$$

$M = \chi_m H$ Onde: é a magnetização, ou seja, o momento magnético médio por unidade de volume. A velocidade da luz no material e a impedância caraterística são:

$$c = \frac{1}{\sqrt{\mu\varepsilon}}, \quad \eta = \sqrt{\frac{\mu}{\varepsilon}} \qquad (1.15)$$

A permissividade relativa, a permeabilidade e o índice de refração de um material são definidos por:

$$\varepsilon_r = \frac{\varepsilon}{\varepsilon_0} = 1 + \chi \ , \quad \mu_r = \frac{\mu}{\mu_0} = 1 + \chi_m \ , \quad n = \sqrt{\varepsilon_r \mu_r} \qquad (1.16)$$

Portanto, isso: $n^2 = \varepsilon_r \mu_r$.

Utilizando a definição da equação (1.15), podemos relacionar a velocidade da luz e a impedância do material com os valores correspondentes no vácuo:

$$\begin{cases} c = \dfrac{1}{\sqrt{\mu\varepsilon}} = \dfrac{1}{\sqrt{\mu_0\varepsilon_0\varepsilon_r\mu_r}} = \dfrac{c_0}{\sqrt{\varepsilon_r\mu_r}} = \dfrac{c_0}{n} \\ \eta = \sqrt{\dfrac{\mu}{\varepsilon}} = \sqrt{\dfrac{\mu_0}{\varepsilon_0}}\sqrt{\dfrac{\mu_r}{\varepsilon_r}} = \eta_0\sqrt{\dfrac{\mu_r}{\varepsilon_r}} = \eta_0\dfrac{n}{\varepsilon_r} \end{cases} \qquad (1.17)$$

$\mu=\mu_0$, ou, $\mu_r=1$, Para um material não magnético, temos que a impedância se torna simplesmente $\eta= \eta_0/n$.

ρ, Nas equações (1.1), as densidades , J representam as cargas e correntes externas ou livres num meio material. A polarização induzida P e a magnetização M podem ser explicadas nas equações de Maxwell utilizando as relações constitutivas:

$$D = \varepsilon_0 E + P \ , \quad B = \mu_0(H + M) \qquad (1.18)$$

Inserindo-os nas equações (1.1), por exemplo, escrevendo:

$\nabla\times B = \mu_0\nabla\times(H+M) = \mu_0(J+\dot{D}+\nabla\times M) = \mu_0(\varepsilon_0\dot{E}+J+\dot{P}+\nabla\times M)$, As equações de Maxwell podem ser expressas em termos dos campos E e B:

$$\begin{cases} \nabla\times E = -\dfrac{\partial B}{\partial t} \\ \nabla\times B = \mu_0\varepsilon_0\dfrac{\partial E}{\partial t} + \mu_0\left[J + \dfrac{\partial P}{\partial t} + \nabla\times M\right] \\ \nabla\cdot E = \dfrac{1}{\varepsilon_0}(\rho - \nabla\cdot P) \\ \nabla\cdot B = 0 \end{cases} \qquad (1.19)$$

Identificamos as densidades de corrente e de carga devidas à polarização do material como:

$$J_{pol} = \frac{\partial P}{\partial t}, \quad \rho_{pol} = -\nabla\cdot P \qquad \textbf{(densités de polarisation)} \qquad (1.20)$$

(densidades de polarização)

$J_{mag} = \nabla\times M$ $\rho_{mag}=0$). Da mesma forma, a quantidade pode ser identificada como a densidade de corrente de magnetização (note-se que As densidades totais de corrente e de carga são:

$$\begin{cases} J_{tot} = J + J_{pol} + J_{mag} = J + \frac{\partial P}{\partial t} + \nabla \times M \\ \rho_{tot} = \rho + \rho_{pol} = \rho - \nabla \cdot P \end{cases} \qquad (1.21)$$

e podem ser considerados como as fontes dos campos da equação (1.19).

2.4. Ambiente de índice negativo

As equações de Maxwell não excluem a possibilidade de uma ou ambas as quantidades £, p serem negativas. $\varepsilon < 0$ et $\mu > 0$, Por exemplo, os plasmas abaixo da sua frequência plasmática, e os metais até frequências ópticas, têm aplicações interessantes como os plasmões de superfície.

$\mu < 0$ et $\varepsilon > 0$ Os meios isotrópicos com são mais difíceis de encontrar [2], embora tenham sido produzidos exemplos de tais meios [3].

$\varepsilon < 0$ et $\mu < 0$. Os meios de índice negativo, também conhecidos como meios de mão esquerda, têm r, LI que são simultaneamente negativos, Veselago [4] foi o primeiro a estudar as suas propriedades electromagnéticas invulgares, tais como o índice de refração negativo e a inversão da lei de Snel.

As novas propriedades destes meios e as suas potenciais aplicações têm atraído um grande interesse da investigação. Exemplos de tais meios, conhecidos como "metamateriais", foram construídos utilizando matrizes periódicas de fios e ressonadores em anel dividido [5] e elementos de linhas de transmissão [6-8].

$\varepsilon_r < 0$ et $\mu_r < 0$, $n^2 = \varepsilon_r.\mu_r$, $n = -\sqrt{\varepsilon_r.\mu_r}$ $n < 0$ et $\mu_r < 0$ $\eta = \eta_0 \mu_r / n$ Quando o índice de refração, deve ser definido pela raiz quadrada negativa Porque então implicará que a impedância caraterística do meio será positiva, o que implica que o fluxo de energia de uma onda está na mesma direção que a direção de propagação.

2.5. Condições de fronteira

As condições de fronteira para os campos electromagnéticos através das fronteiras materiais são dadas a seguir:

$$\begin{cases} E_{1t} - E_{2t} = 0 \\ H_{1t} - H_{2t} = J_S \times \hat{n} \\ D_{1n} - D_{2n} = \rho_S \\ B_{1n} - B_{2n} = 0 \end{cases} \qquad (1.22)$$

Em que ; *ni* é um vetor unitário normal à fronteira que aponta do ponto médio-2 para o ponto médio-1.

[22]As quantidades ps, Js são cargas superficiais externas e densidades de corrente superficial na superfície limite e são medidas em [coulomblm] e [amperelm].

Em termos leigos, as componentes tangenciais do campo E são contínuas ao longo da interface; a diferença nas componentes tangenciais do campo H é igual à densidade de corrente superficial; a diferença nas componentes normais da densidade de fluxo D é igual à densidade de carga superficial; e as componentes normais da densidade de fluxo magnético B são contínuas.

A condição de contorno Dn também pode ser escrita numa forma que enfatiza a dëpendência em polarizar cargas de superfície:

$$(\varepsilon_0 E_{1n} + P_{1n}) - (\varepsilon_0 E_{2n} + P_{2n}) = \rho_S \quad \Rightarrow \varepsilon_0 (E_{1n} - E_{2n}) = \rho_S - P_{1n} + P_{2n} = \rho_{S,tot}$$

$\rho_{S,tot} = \rho_S - \rho_{1S,pol} + \rho_{2S,pol}$, A densidade de carga superficial total será igual à densidade de carga superficial das cargas de polarização que se acumulam na superfície de um dielétrico (f é a normal ao exterior do dielétrico):

$$\rho_{S,pol} = P_n = \hat{n} \cdot P \qquad (1.23)$$

As direcções relativas dos vectores de campo são indicadas na figura I.2. Cada vetor pode ser decomposto como a soma de uma parte tangencial à superfície e uma parte perpendicular a ela, ou seja: E = E_t + E_n. Utilizando a identidade vetorial,

$$E = \hat{n} \times (E \times \hat{n}) + \hat{n}(\hat{n} \cdot E) = E_t + E_n \qquad (1.24)$$

identificamos estas duas partes como:

$$E_t = \hat{n} \times (E \times \hat{n}) \quad , \; E_n = \hat{n}(\hat{n} \cdot E) = \hat{n} E_n$$

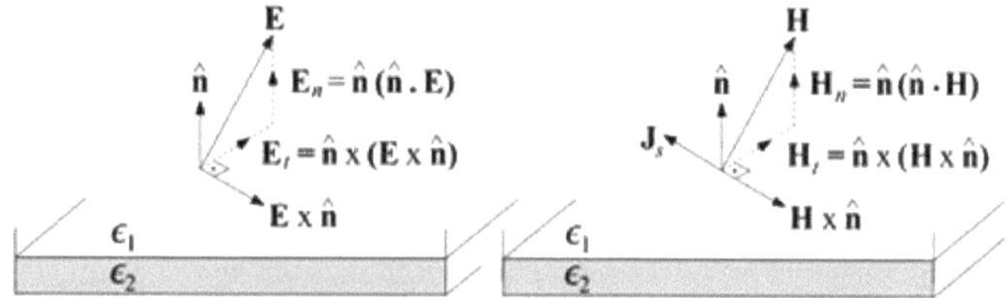

Figura I.2: Indicações de campo na fronteira.

Usando esses resultados, podemos escrever as duas primeiras condições de contorno nas seguintes formas vetoriais, onde a segunda forma é obtida tomando o produto vetorial da primeira com ni e observando que J_s é puramente tangencial:

$$\begin{cases} \hat{n} \times (E_1 \times \hat{n}) - \hat{n} \times (E_2 \times \hat{n}) = 0 \\ \hat{n} \times (H_1 \times \hat{n}) - \hat{n} \times (H_2 \times \hat{n}) = J_S \times \hat{n} \end{cases} \quad \text{ou,} \quad \begin{cases} \hat{n} \times (E_1 - E_2) = 0 \\ \hat{n} \times (H_1 - H_2) = J_S \end{cases} \qquad (1.25)$$

As condições de fronteira (1.22) podem ser derivadas a partir da forma integrada das equações de Maxwell se fizermos algumas suposições adicionais de regularidade sobre os campos nas interfaces.

Em muitos problemas de interface, não existem cargas ou correntes superficiais aplicadas externamente na fronteira. Nestes casos, as condições de fronteira podem ser indicadas da seguinte forma:

$$\begin{cases} E_{1t} = E_{2t} \\ H_{1t} = H_{2t} \\ D_{1n} = D_{2n} \\ B_{1n} = B_{2n} \end{cases} \qquad \text{(conditions aux limites sans source)} \qquad (1.26)$$

(condições de fronteira sem fonte)

3. **Propriedades das ondas planas** [9]

Existem muitas soluções para as equações de Maxwell e todas elas representam campos que podem ser efetivamente produzidos na prática. No entanto, todas elas podem ser representadas como uma soma de ondas planas, que representam a solução variável no tempo mais simples possível.

A figura I.3 mostra uma onda plana que se propaga paralelamente ao eixo z no instante t=0.

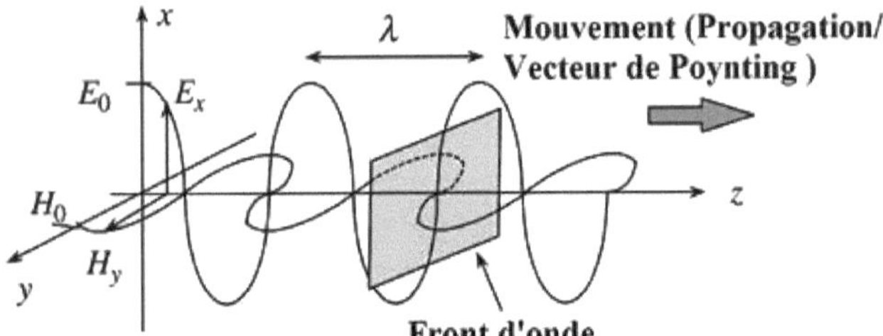

Figura I.3: Uma onda plana a propagar-se no espaço num dado instante.

Os campos elétrico e magnético são perpendiculares entre si e à direção de propagação da onda; a direção de propagação é ao longo do eixo z; o vetor nesta direção é o vetor de propagação ou vetor de Poynting. Os dois campos estão em fase em qualquer momento ou no espaço. A sua amplitude é constante no plano xy, e uma superfície de fase constante (uma frente de onda) forma um plano paralelo ao plano xy, daí o termo ondas planas.

O campo elétrico oscilante produz um campo magnético, que por sua vez oscila para criar um campo elétrico e assim por diante, de acordo com as equações de curvatura de Maxwell. Esta interação entre os dois campos armazena energia e, por conseguinte, gera potência ao longo do vetor de Poynting. A variação, ou modulação, das propriedades da onda (amplitude, frequência ou fase) permite então que a informação seja transmitida na onda entre a sua origem e o seu destino, o que constitui o objetivo central de um sistema de comunicação sem fios.

3.1. Relações no terreno

O campo elétrico pode ser escrito como:

$$E = E_0 \cos(\omega \mathbf{t} - \mathbf{kz})\hat{\mathbf{x}} \quad (1.27)$$

-1-1Onde; Eo é a amplitude do campo [V m], w=2rcf é a frequência angular em radianos para uma frequência f [Hz], t é o tempo decorrido [s], k é o número de onda [m], z é a distância ao longo do eixo z (m) e x é um vetor unitário na direção positiva x.

O número de onda representa a taxa de variação da fase do campo com a distância, ou seja, a fase da onda muda em kr radianos numa distância de r metros. A distância em que a fase da onda varia em 2л radianos é o comprimento de onda. Assim como:

$$(1.28)\, k = \frac{2\pi}{\lambda}$$

Do mesmo modo, o vetor do campo magnético H pode ser escrito como

$$H = H_0 \cos(\omega \mathbf{t} - \mathbf{kz})\hat{\mathbf{y}} \quad (1.29)$$

Onde; Ho é a amplitude do campo magnético e y é um vetor unitário na direção y positiva.

Em ambas as equações (1.27) e (1.29), assumiu-se que o meio em que a onda viaja não tem perdas, de modo que a amplitude da onda permanece constante com a distância. Note-se que a onda varia sinusoidalmente no tempo e na distância.

É frequentemente conveniente representar a fase e a amplitude da onda utilizando quantidades complexas, pelo que as equações (1.27) e (1.29) passam a ser:

$$E = E_0\, e^{j(\omega t - kz)\hat{x}} \quad (1.30)$$

e

$$H = H_0 e^{j(\omega t - kz)} \hat{y} \tag{1.31}$$

As quantidades reais podem então ser recuperadas tomando as partes reais das equações (1.3o) e (1.31).

3.2. Impedância de onda

As equações (1.27) e (1.29) satisfazem as equações de Maxwell, desde que o rácio das amplitudes de campo seja constante para um dado meio,

$$\frac{|E|}{|H|} = \frac{E_x}{E_y} = \frac{E_0}{H_0} = \sqrt{\frac{\mu}{\varepsilon}} = Z \tag{1.32}$$

Ou ; Z é chamado de impedância da onda e tem unidades de ohms.

$\mu_r = \varepsilon_r = 1$ No espaço livre, e a impedância da onda torna-se:

$$Z = \sqrt{\frac{\mu_0}{\varepsilon_0}} \approx \sqrt{4\pi \times 10^{-7} \times \frac{36\pi}{10^{-9}}} = 120\pi \approx 377\Omega \tag{1.33}$$

No entanto, no espaço livre ou em qualquer meio uniforme, é suficiente especificar uma única intensidade de campo com Z para especificar o campo total para uma onda plana.

3.3. Velocidade de fase

A velocidade de um ponto de fase constante na onda, a velocidade de fase u com que as frentes de onda avançam na direção S, é dada por

$$\upsilon = \frac{\omega}{k} = \frac{1}{\sqrt{\mu\varepsilon}} \tag{1.34}$$

Assim, o comprimento de onda é dado por:

$$\lambda = \frac{\upsilon}{f} \tag{1.35}$$

No espaço livre, a velocidade de fase torna-se:

$$\upsilon = c = \frac{1}{\sqrt{\mu_0\varepsilon_0}} \approx 3\times 10^8 ms^{-1} \tag{1.36}$$

Note-se que a luz é um exemplo de onda electromagnética, ou seja, c: a velocidade da luz no espaço livre.

3.4. Ambientes com perdas

Até agora, apenas foram considerados meios sem perdas. Quando o meio tem uma condutividade significativa, a amplitude da onda diminui com a distância percorrida através do meio à medida que a energia é removida da onda e convertida em calor, pelo que as equações (1.30) e (1.31) são então substituídas por:

$$E = E_0 e^{[j(\omega t - kz) - \alpha z]} \hat{x} \tag{1.37}$$

E

$$H = H_0 e^{[j(\omega t - kz) - \alpha z]} \hat{y} \tag{1.38}$$

-1 σ, A constante a é conhecida como constante de atenuação, com unidades de por metro [m], que depende da permeabilidade e da permissividade do meio, da frequência da onda e da condutividade do meio, medida em Siemens por metro ou por ohm metro.

$[\Omega m]^{-1}$.

O conjunto o, LI e e são conhecidos como os parâmetros constituintes do meio. Consequentemente, a intensidade do campo elétrico e magnético diminui exponencialmente à medida que a onda se desloca através do meio, como mostra a Figura I.4.

$^{-1}$A distância percorrida pela onda antes que o seu campo se reduza a e =0,368=36,8 % do seu valor inicial é a sua profundidade de pele 6, que é dada por

$$\delta = \frac{1}{\alpha} \tag{1.39}$$

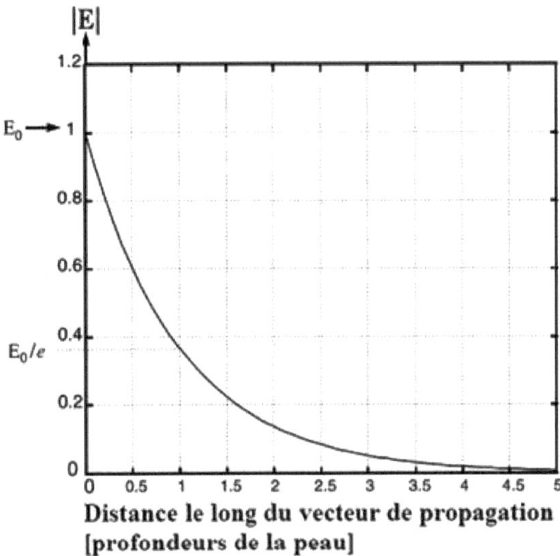

Figura I.4: Atenuação de campo num meio com perdas.

Assim, a amplitude da intensidadeë do campo elétrico ë em um ponto z em relação ao seu valor em z=0 é, portanto,K'e por:

$$E(z) = E(0)e^{-z/\delta} \tag{1.40}$$

A Tabela 1.1 apresenta expressões para a e k que se aplicam a meios com e sem perdas. Note que as expressões podem ser simplificadas de acordo com os valores relativos de o e ws. Se o predomina, o matëriau é um bom condutor; se o é muito pequeno, o matëriau é um bom isolante ou diëlétrico.

Tabela I.1: Constante de atenuação, número de onda, impulsão da onda, comprimento de onda e velocidade de fase para ondas planas em meios com perdas (de [10])

$n = ck/\omega$ dans tous les cas	Expression exacte	Bon diélectrique (isolant) $(\sigma/\omega\varepsilon)^2 \ll 1$	Bon conducteur $(\sigma/\omega\varepsilon)^2 \gg 1$
Constante d'atténuation α [m^{-1}]	$\omega\sqrt{\frac{\mu\varepsilon}{2}\left[\sqrt{1+\left(\frac{\sigma}{\omega\varepsilon}\right)^2}-1\right]}$	$\approx \frac{\sigma}{2}\sqrt{\frac{\mu}{\varepsilon}}$	$\approx \sqrt{\frac{\omega\mu\sigma}{2}}$
nombre d'onde k [m^{-1}]	$\omega\sqrt{\frac{\mu\varepsilon}{2}\left[\sqrt{1+\left(\frac{\sigma}{\omega\varepsilon}\right)^2}+1\right]}$	$\approx \omega\sqrt{\mu\varepsilon}$	$\approx \sqrt{\frac{\omega\mu\sigma}{2}}$
Impédance d'onde Z [Ω]	$\sqrt{\frac{j\omega\mu}{\sigma + j\omega\varepsilon}}$	$\approx \sqrt{\frac{\mu}{\varepsilon}}$	$\approx \sqrt{\frac{\omega\mu}{2\sigma}}(1+j)$
Longueur d'onde λ [m]	$\frac{2\pi}{k}$	$\approx \frac{2\pi}{\omega\sqrt{\mu\varepsilon}}$	$\approx 2\pi\sqrt{\frac{2}{\omega\mu\sigma}}$
Vitesse de phase v [ms^{-1}]	$\frac{\omega}{k}$	$\approx \frac{1}{\sqrt{\mu\varepsilon}}$	$\approx \sqrt{\frac{2\omega}{\mu\sigma}}$

4. **Polarização** [9]

4.1. **Estados de polarização**

O alinhamento do vetor campo elétrico de uma onda plana em relação à direção de propagação define a polarização da onda. Na figura I.3, o campo elétrico é paralelo ao eixo x, pelo que esta onda é polarizada em x. Esta onda poderia ser gerada por uma antena de fio reto paralela ao eixo x. Uma onda plana y-polarizada totalmente distinta pode ser gerada com a mesma direção de propagação e recuperada independentemente da outra onda, utilizando pares de antenas de emissão e receção polarizadas perpendicularmente. Este princípio é por vezes utilizado nas comunicações por satélite para fornecer dois canais de comunicação independentes na mesma ligação por satélite. Se a onda for gënërëada por uma antena de fio vertical (campo H horizontal), diz-se que a onda é polarizada verticalmente; uma antena de fio paralela ao plano de terra (campo E horizontal) gënëre principalmente ondas polarizadas horizontalmente.

As ondas dëcritas até agora têm ë1.ë polarisëes lineares, uma vez que o vetor campo elétrico tem uma única direção ao longo do eixo de propagação. Se duas ondas planas de igual amplitude e polarização ortogonal forem combinadas com uma diferença de fase de 90°, a onda resultante será circularmente polarizada (CP), na medida em que o movimento do vetor campo elétrico descreverá um círculo centrado no vetor de propagação. O vetor de campo irá rodar 360° por cada comprimento de onda percorrido. As ondas polarizadas circularmente são mais frequentemente utilizadas nas comunicações por satélite, uma vez que podem ser geradas e recebidas utilizando antenas orientadas em qualquer direção em torno do seu eixo sem perda de potência. Podem ser geridas em polarização circular à direita (RHCP) ou em polarização circular à esquerda (LHCP); a RHCP descreve uma onda com o vetor do campo elétrico a rodar no sentido dos ponteiros do relógio na direção de propagação.

No caso mais дёпёга1, as componentes de 1 onda podem ter amplitudes desiguais ou um ângulo de fase diferente de 90°. O resultado é uma onda elipticamente polarizada, em que o vetor campo elétrico continua a rodar à mesma velocidade mas varia em amplitude com o tempo, descrevendo uma elipse. Neste caso, a onda é caracterizada pelo rácio entre os valores máximo e mínimo do campo elétrico instantâneo, designado por rácio axial, AR,

$$AR = \frac{E_{maj}}{E_{min}} \quad (1.41)$$

O AR é definido como positivo para a polarização esquerda e negativo para a polarização direita. Estes diferentes estados de polarização são ilustrados na Figura I.5.

A direção de propagação (eixo z) está fora da página

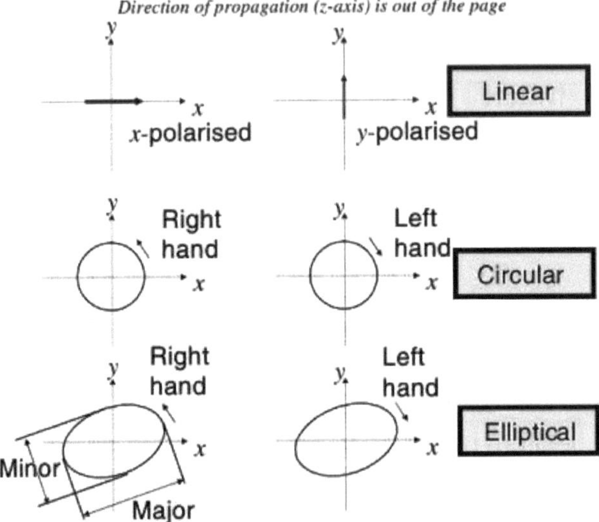

Figura I.5: Estados de polarização possíveis para uma onda plana dirigida para z.

4.2. Representação matemática da polarização

Todos os estados de polarização apresentados na figura I.5 podem ser representados por um vetor campo elétrico E composto por ondas planas x e y linearmente polarizadas com amplitudes Ex e Ey,

$$E = E_x\hat{x} + E_y\hat{y} \quad (1.42)$$

Tabela I.2: Valores relativos do campo elétrico para os estados de polarização apresentados na Figura I.5.

Estado de polarização	Ex	Olho
Linear x	$E_0/\sqrt{2}$	0
Linear y	0	$E_0/\sqrt{2}$
Circular à direita	$-E_0/\sqrt{2}$	$jE_0/\sqrt{2}$
Circular à esquerda	$E_0/\sqrt{2}$	$jE_0/\sqrt{2}$
Aparelho elíptico reto	$-aE_0/\sqrt{2}$	$jE_0/\sqrt{2}$
Elíptica esquerda	$aE_0/\sqrt{2}$	$jE_0/\sqrt{2}$

Os valores relativos de Ex e Ey para os seis estados de polarização da Figura I.5 são dados na Tabela I.2, assumindo que a amplitude máxima da onda é E0 em todos os casos e que a constante complexa a depende da razão axial. A razão axial é dada em termos de Ex e Ey da seguinte forma [11]:

$$AR = \left[\frac{1 + \left| \frac{E_y}{E_x} \cos\left[\arg(E_y) - \arg(E_x) \right] \right|^2}{\left| \frac{E_y}{E_x} \sin\left[\arg(E_y) - \arg(E_x) \right] \right|} \right]^{\pm 1} \quad (1.43)$$

$AR \geq 1$. O expoente de liquidação (1.43) é escolhido de modo a que .

5. Conclusão

A propagação de ondas em meios uniformes pode ser descrita considerando as propriedades das ondas planas, cujas interações com o meio são inteiramente especificadas pela sua frequência e polarização e pelos parâmetros constituintes do meio. Nem todas as ondas são ondas planas, mas todas as ondas podem ser descritas por uma soma de ondas planas com uma amplitude, fase, polarização e vetor de Poynting apropriados.

Bibliografia do Capítulo I

[1] consultado: http://www.ece.rutgers.edu/~orfanidi/ewa/ewa-1up.pdf
Sophocles J. Orfanidis, *Electromagnetic Waves and Antennas*, Universidade de Rutgers, 2016.

[2] L. D. Landau, E. M. Lifshitz, e L. P. Pitaevskii, *Electrodynamics of Continuous Media*, 2/e, Elsevier Science, Burlington, MA, 1985.

[3] J. B. Pendry, "*Magnetism from Conductors and Enhanced Nonlinear Phenomena*", IEEE Trans. Microwave Theory Tech, 47, 2075 (1999).

[4] V. G. Veselago, "*The Electrodynamics of Substances with Simultaneously Negative Values of e and11*," Sov. Phys. Uspekhi, 10, 509 (1968).

[5] D. R. Smith, et al, "*Composite Medium with Simultaneously Negative Permeability and Permittivity*," Phys. Rev. 84, 4184 (2000).

[6] A. Grbic e G. V. Eleftheriades, "*Subwavelength Focusing Using a Negative-Refractive- Index Transmission Line Lens,* "IEEE Ant. Wireless Prop. Lett. 2, 186 (2003).

[7] A. Grbic e G. V. Eleftheriades, "*Overcoming the Diffraction Limit with a Planar LeftHanded Transmission-Line Lens*", "Phys. Rev. Lett. 92, 117403 (2004).

[8] C. Caloz e T. Itoh, "*Transmission line approach of left-handed (LH) materials and microstrip implementation of an artificial LH transmission line*," IEEE Trans. Antennas Propagat, 52, 1159 (2004).

[9] Simon R. Saunders, Alejandro Arago'n-Zavala, *"Antennas And Propagation For Wireless Communication Systems*", Segunda Edição, John Wiley & Sons Ltd, 2007.

[10] C. A. Balanis, *Advanced engineering electromagnetics*, John Wiley & Sons, Inc, Nova Iorque,

[11] K. ndSiwiak, *Radiowave propagation and antennas for personal communications*, 2 edn, Artech House, Norwood MA, ISBN 0-89006-975-1, 1998.

Capítulo II

Informações gerais sobre antenas planares

1. Introdução

Todas as antenas que compreendem elementos radiantes (com uma superfície plana ou curva ou variações da mesma) e pelo menos uma alimentação são referidas, em geral, como "antenas planares". [1]

Neste primeiro capítulo, definiremos duas antenas planares: uma antena de microfita e uma antena de ressonador dielétrico, descreveremos as suas principais caraterísticas (eléctricas e electromagnéticas), bem como as suas vantagens e desvantagens, e concluiremos com uma comparação entre as duas tecnologias e os seus campos de aplicação.

2. Definição de antena

Uma antena pode ser utilizada para transmitir e receber ondas electromagnéticas e é um dispositivo utilizado para facilitar a transferência de energia entre uma linha de transmissão e o espaço livre e vice-versa (ver figura II.1).

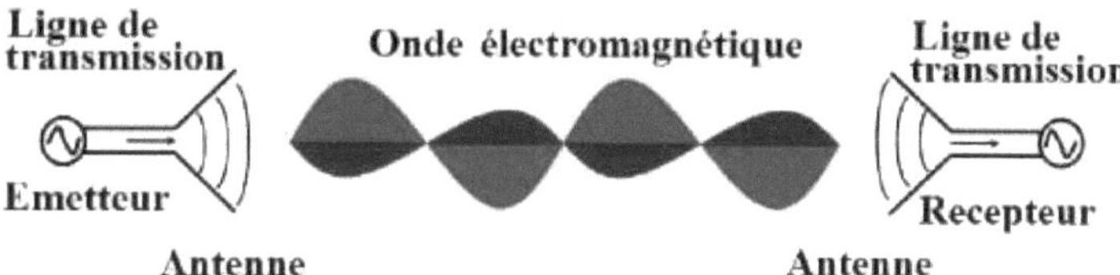

Figura II. 1: Um sistema de rádio típico.

As definições de termos de antena da norma IEEE (IEEE Standard 145 -1983) [2] definem uma antena como *"uma parte de um sistema de transmissão ou receção concebida para irradiar ou receber ondas electromagnéticas"*.

3. Classificações das antenas [3]

Desde os primórdios das comunicações por rádio, há mais de 100 anos, milhares de antenas foram ë!ë dëvolvidas e ëtudiëadas. Elas podem ser catëgorisëes por diferentes crores:

- Em termos de largura de banda, as antenas podem ser classificadas como de banda estreita ou de banda larga;
- Do ponto de vista da polarização, podem ser classificadas como antenas de polarização linear, circular ou elíptica;
- Do ponto de vista da ressonância, podem ser organizadas sob a forma de antenas ressonantes (ondas estacionárias) ou de ondas de viagem;
- Dependendo do número de elementos, podem ser agrupados sob a forma de antenas de elemento único ou de conjuntos de antenas;
- Do ponto de vista da construção, podem ser catëgorisëadas em antenas sólidas, líquidas e gasosas. As antenas sólidas referem-se àquelas feitas de matëriais condutores (tais como dipolos, loops e horns), matëriais diëlectricos (tais como DRAs) ou uma combinação dos dois (tais como antenas patch). As antenas líquidas são constituídas principalmente por tipos líquidos (1 antena de plasma utiliza um elemento de plasma como meio condutor para o sinal de RF a ser transmitido).

4. Terminologia e caraterísticas eléctricas e electromagnéticas das antenas

Para descrever o desempenho de uma antena, é necessário definir vários parâmetros.

4.1. Caraterísticas eléctricas [4, 5]

4.1.1. Coeficiente de reflexão

É o parâmetro s_{11} da matriz de dispersão extraída do analisador de rede, expresso em decibéis pela seguinte relação

$$S_{11}(dB) = 20\log\left(\frac{onde\_réfléchie}{onde\_incidente}\right) \tag{2.1}$$

Quanto mais baixo for este coeficiente, melhor será a adaptação da antena.

Verifica-se que para um coeficiente de reflexão definido como -10 dB, cerca de 68,4 % da onda incidente é transmitida pela antena, e para um S_{11} = -40 dB, 99 % da onda incidente é transmitida pela antena.

O coeficiente de reflexão está também relacionado com a impedância de entrada z_e e a impedância caraterística Z0 da linha de alimentação:

$$\Gamma = S_{11} = \frac{Z_e - Z_0}{Z_e + Z_0}. \tag{2.2}$$

$Z_e = Z_0 \Leftrightarrow S_{11} = 0$, Porque: neste caso, não há onda reflectida, estamos a falar de adaptar a impedância de entrada à linha.

4.1.2. Largura de banda

A largura de banda (BW) é a gama de frequências determinada em дёпёга1 a uma taxa de onda estacionária *igual a* 2 (equivalente a quase -10 dB da curva do coeficiente de reflexão).

"A gama de frequências dentro da qual o desempenho da antena, no que respeita a determinadas caraterísticas, está em conformidade com uma norma especificada".

O VSWR de uma antena é o principal fator limitador da largura de banda.

No nosso trabalho, utilizaremos a largura de banda em que s_{11} é inferior a -10 dB (Figura II.2). O rácio da largura de banda em % é dado pela expressão:

$$BW\,(\%) = \frac{\text{la bande passante}}{\text{fréquence de résonance}} \times 100 = \frac{f2 - f1}{f0} \times 100 \tag{2.3}$$

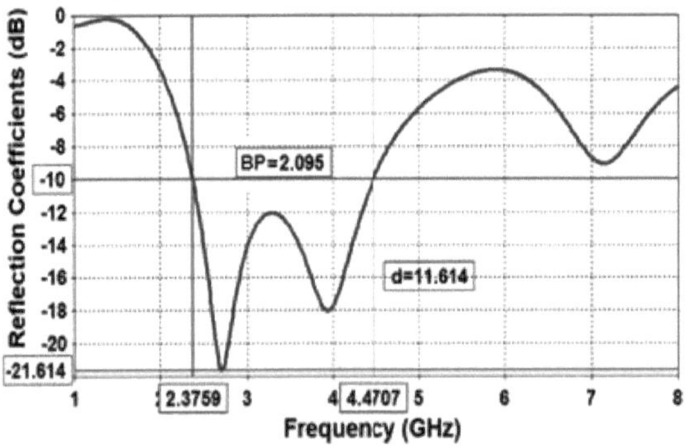

Figura II.2: Largura de banda (s_{11} inferior a -10 dB). [6]

O cálculo do rácio da largura de banda na figura II.2 é dado em percentagem por:

$$BW(\%) = \frac{4.4707 - 2.3759}{f_0} \times 100 \approx \frac{209}{f_0}$$

4.1.3. **Rácio de onda estacionária de tensão (VSWR)**

A relação entre os valores máximo e mínimo do diagrama de ondas estacionárias ao longo de uma linha de transmissão à qual está ligada uma carga. O valor de VSWR varia de 1 (carga casada) a infinito para uma carga em curto ou aberta. Para a maioria das antenas, o valor máximo aceitável de VSWR é 2.

O VSWR está relacionado com o coeficiente de reflexão Γ por:

$$VSWR = \frac{1+|\Gamma|}{1-|\Gamma|} \tag{2.4}$$

4.1.4. **Impedância de entrada**

"A impedância apresentada por uma antena nos seus terminais".

A impedância de entrada é uma função de frequência complexa com partes reais e imaginárias. Ela é dada por:

$$Z_e = Z_0 \frac{1+S_{11}}{1-S_{11}}. \tag{2.5}$$

Zo: caraterística de impulsividade da linha de alimentação.

511: o coeficiente de reflexão.

A impedância de entrada pode ser apresentada graficamente utilizando o gráfico de Smith.

4.1.5. **Fator de qualidade**

Representa as perdas associadas à antena. Um fator elevado conduz a uma largura de banda estreita e a uma baixa eficiência, e é dado pela seguinte fórmula:

$$\frac{1}{Q_T} = \frac{1}{Q_{rad}} + \frac{1}{Q_C} + \frac{1}{Q_d} + \frac{1}{Q_{SW}} \tag{2.6}$$

Ou ; Q_T: Fator de perda total.

Q_{rad}: Fator de perda de radiação.

Q_C: Fator de perda óhmica.

Q_d: Fator de perda dieléctrica.

Q_{SW}: Fator de perda de onda superficial.

4.1.6. Desempenho

A eficiência é a relação entre a energia irradiada por uma antena e a fornecida pela alimentação, e é expressa em função dos factores de perda. É dada por:

$$\eta = \frac{\frac{1}{Q_{rad}}}{\frac{1}{Q_T}} = \frac{Q_T}{Q_{rad}} \qquad (2.7)$$

4.2. Caraterísticas electromagnéticas [2,7]

4.2.1. Diagrama de radiação e lóbulos de radiação

Trata-se de uma representação gráfica (em 3-D ou 2-D) da radiação da antena em função da direção angular (figura II.3).

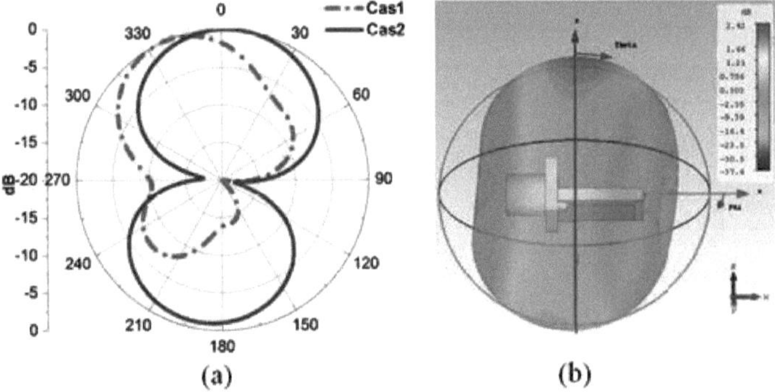

Figura II.3: Diagramas de radiação em: a) 2-D e b) 3-D. [8]

O desempenho da antena em termos de radiação é medido e registado em dois planos ortogonais principais (como o plano E e o plano H ou os planos vertical e horizontal). O diagrama é traçado gënëralmente em coordenadas polares. O diagrama da maioria das antenas contém um lóbulo principal (maior) e vários lóbulos secundários (menores), chamados lóbulos laterais. Um lóbulo lateral que aparece no espaço na direção oposta ao lóbulo principal é chamado de lóbulo de chegada.

As figuras II.4 e II.5 mostram um diagrama polar e linear, respetivamente.

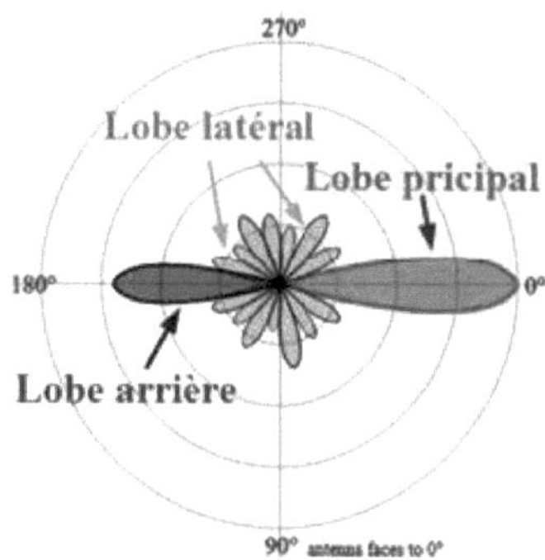

Figura II.4: Lóbulos principais, laterais e posteriores.

Um lóbulo de radiação *é "uma parte do padrão de radiação delimitada por regiões de intensidade de radiação relativamente baixa".*

Um lóbulo principal é definido como *"um lóbulo de radiação que contém a direção de radiação máxima".*

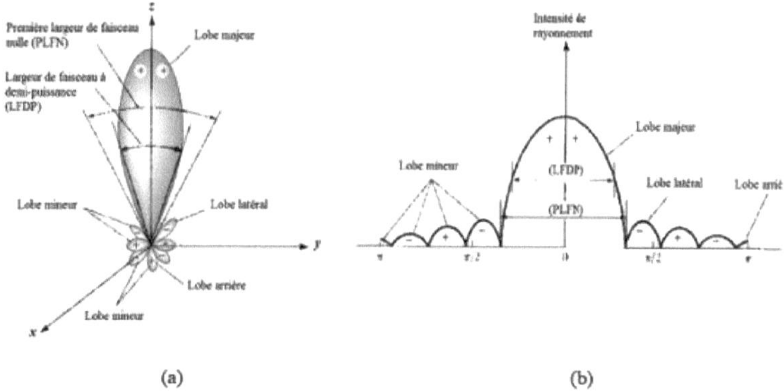

Figura II.5: (a) Lóbulos de radiação e larguras de feixe de um padrão de antena, (b) Gráfico linear do padrão de potência e dos seus lóbulos e larguras de feixe associados. [2]

4.2.2. Largura do feixe

A largura de feixe de meia potência (HPBW) é definida pelo IEEE da seguinte forma: *"Num padrão de radiação que contém a direção do máximo do feixe, o ângulo entre as duas direcções em que a intensidade da radiação é metade do valor do feixe".*

A largura do feixe de meia potência é também designada por largura do feixe de -3 dB (ilustrada na figura II.5).

Outra largura de feixe importante é a separação angular entre os primeiros zeros no diagrama, conhecida como largura de feixe do primeiro zero (FNBW).

As larguras HPBW e FNBW são ambas indicadas no diagrama da figura II.6. Outras larguras de feixe são aquelas em que o diagrama está a -10 dB do máximo, ou qualquer outro valor. No entanto, na prática, o termo largura de feixe, sem outra identificação, refere-se geralmente a HPBW.

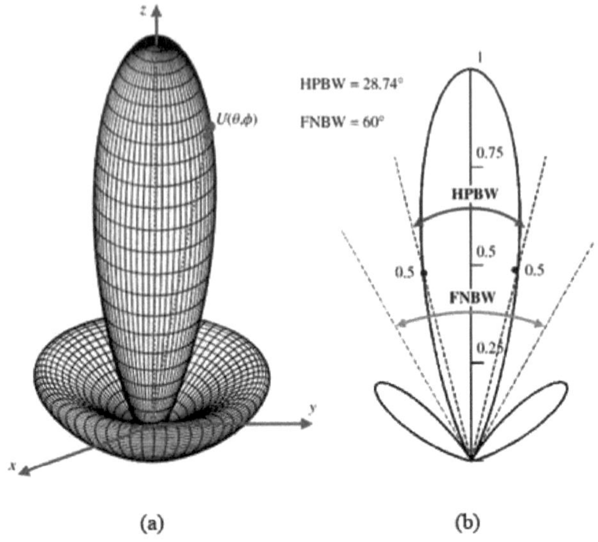

[22]Figura II.6: Diagramas de potência (escala linear)
de U(9)=cos (9).cos (39) em ; (a) 2-D e (b) 3-D. [2]

4.2.3. Diagramas isotrópicos, direcionais e omnidireccionais

O radiador isotrópico é definido como *"uma antena hipotética sem perdas com igual intensidade de radiação em todas as direcções"*.

Embora seja ideal e não seja fisicamente possível, é frequentemente utilizado como referência para expressar as propriedades direcionais de antenas reais.

Uma antena direcional *é "uma antena com a propriedade de irradiar ou receber ondas electromagnéticas de forma mais eficaz em determinadas direcções do que noutras"*.

Uma antena omnidirecional *é "uma antena com um padrão essencialmente não direcional num determinado plano da antena e um padrão direcional em qualquer plano ortogonal"*.

O plano omnidirecional é o plano iorizontal, ver figura II.7.

Diagrama de radiação

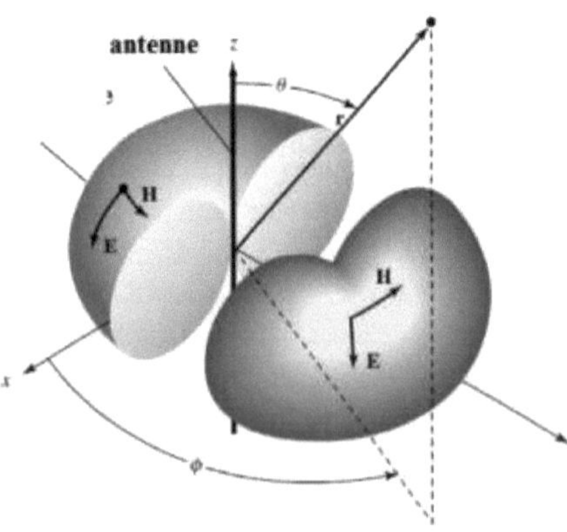

Figura II.7: Padrão de antena omnidirecional. [2]

4.2.4. Planos do diagrama de radiação principal

Para uma antena linearmente polarizada, o desempenho é frequentemente descrito em termos dos seus planos principais E e H (figura II.8).

O plano E é definido como "*o plano que contém o vetor do campo elétrico e a direção da radiação máxima*".

O plano E coincide geralmente com o plano vertical (plano XZ (plano de elevação; ϕ = 0°)).

O plano H é definido como *"o plano que contém o vetor do campo magnético e a direção da radiação máxima"*.

O plano H coincide дёпёга1етеП: com o plano horizontal (plano XY (plano azimutal; 9 = 90°)).

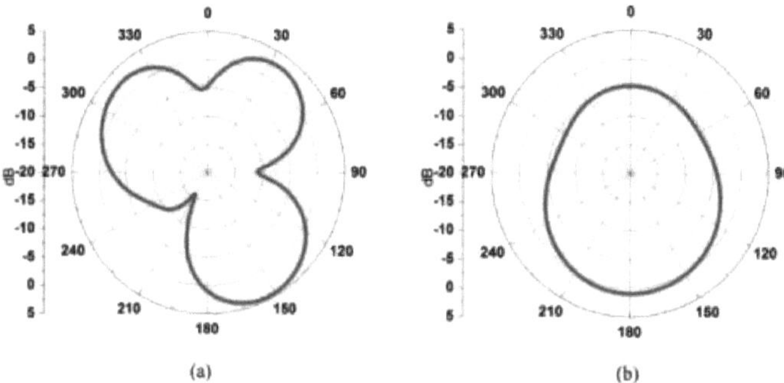

Figura II.8: Diagramas de radiação; (a) plano XZ, (b) plano YZ. [9]

4.2.5. Regiões de campo

O espaço em torno de uma antena é geralmente subdividido em três regiões - como mostrado na Figura II.9 - designadas para identificar a estrutura de campo em cada uma delas:

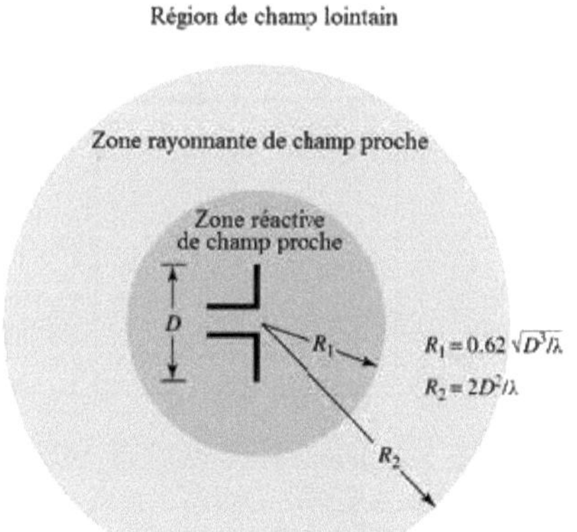

Région de champ lointain

Zone rayonnante de champ proche

Zone réactive de champ proche

D

R_1

R_2

$R_1 = 0.62\sqrt{D^3/\lambda}$

$R_2 = 2D^2/\lambda$

Figura II.9: Zonas de campo de uma antena. [2]

a. Região reactiva de campo próximo (zona de Rayleigh)

É definida como *"a parte da região de campo próximo que rodeia imediatamente a antena na qual predomina o campo reativo"*.

O limite exterior desta região situa-se entre *R* < *RI* a partir da superfície da antena, com:

$$R_1 = 0.62\sqrt{\frac{D^3}{\lambda}} \tag{2.8}$$

Ou ; X: o comprimento de onda.

D: a maior dimensão da antena.

b. Zona de radiação de campo próximo (zona Fresnel)

É definida como *"a região do campo de uma antena entre a região reactiva de campo próximo e a região de campo distante onde predominam os campos de radiação e onde a distribuição angular do campo depende da distância à antena".*

$R_1 \le R < R_2$, Os dois limites (interior e exterior) desta região são dados por: com:

$$R_2 = 2\frac{D^2}{\lambda} \tag{2.9}$$

Nesta região, o padrão de campo é uma função da distância radial e a componente radial do campo pode ser apreciável.

c. Região de campo distante (zona Fraunhofer)

É definida como *"a região do campo de uma antena cuja distribuição angular do campo é essencialmente independente da distância à antena".*

O padrão de radiação é medido no campo distante.

Supõe-se que esta região exista a distâncias *R2*< *R* < *∂a*

4.2.6. O diagrama de amplitude de uma antena

Quando a distância de observação varia do campo próximo reativo para o campo distante, o diagrama de amplitude muda de forma como resultado das variações nos campos, tanto em amplitude como em fase.

Tabela II.1: Alterações típicas na forma do plano de amplitude da antena desde o cham reativo do campo próximo para o campo distante.

	Região dos campos reactivos	**Região dos campos radiantes**	**Região dos campos distantes**
Distribuição no terreno			

Da Tabela II.1, é evidente que na região reactiva de campo próximo, o padrão é mais ëtalë e quase uniforme, com lëgëres variações.

À medida que a observação é dëplacedëe em direção à região de radiação de campo próximo, o diagrama começa a suavizar-se e a formar lóbulos.

Na região de campo distante, o padrão é bem f<m, constituindo gënëralement de alguns lóbulos menores e um ou mais lóbulos maiores.

4.2.7. Densidade de potência de radiação

As ondas electromagnéticas são utilizadas para transportar informação através de um meio sem fios ou de uma estrutura de orientação de um ponto para outro. É então natural assumir que a potência e a energia estão associadas a campos electromagnéticos.

A quantidade utilizada para descrever a potência associada a uma onda electromagnética é o vetor de Poynting instantâneo, definido como:

$$W=E\times H \tag{2.10}$$

²Ou ; W: vetor de Poynting instantâneo (W/m)

E: intensidade instantânea do campo elétrico (V/m)

H: intensidade do campo magnético instantâneo (A/m)

Uma vez que o vetor de Poynting é uma densidade de potência, a potência total que atravessa uma superfície fechada pode ser obtida integrando a componente normal do vetor de Poynting sobre toda a superfície. Em forma de equação:

$$P=\iint_S W\cdot dS=\iint_S W\cdot \hat{n}da \tag{2.11}$$

Ou ; P: potência instantânea total (W)

$\hat{n}$: vetor unitário normal à superfície

²*da*: área infinitesimal da superfície fechada (m)

O vetor de Poynting médio (densidade de potência média) pode ser escrito:

$$W_{av}(x,y,z)=[W(x,y,z;t)]_{av}=\frac{1}{2}\mathrm{Re}(E\times H^*) \quad (W/m^2) \tag{2.12}$$

Se a parte real de (E 11*)/2 representa a densidade de potência média de uma antena na sua região de campo distante, a parte imaginária representa a densidade de potência reactiva (armazenada) associada aos campos electromagnéticos.

O fator 1/2 aparece na equação (2.12) porque os campos E e H representam valores de creta.

Com base na definição da equação (2.11), a potência média irradiada por uma antena (potência irradiada) pode ser escrita como ;

$$P_{rad}=P_{av}=\iint_S W_{rad}\cdot dS=\iint_S W_{av}\cdot \hat{n}da=\frac{1}{2}\iint_S \mathrm{Re}(E\times H^*)\cdot dS \tag{2.13}$$

4.2.8. Intensidade de radiação

A intensidade da radiação numa determinada direção é definida como *"a potência radiada de uma antena por unidade de ângulo sólido".*

A intensidade da radiação é um parâmetro de campo distante, que pode ser obtido multiplicando a densidade da radiação pelo quadrado da distância.

É expressa da seguinte forma:

$$U=r^2W_{rad} \tag{2.14}$$

Ou ; U: intensidade de radiação (W/unidade de ângulo sólido).

²W_{rad}: densidade de radiação (W/m).

4π. A potência total obtém-se integrando a intensidade da radiação, dada por (2.14), em todo o ângulo sólido de . Feito:

$$P_{rad}=\iint_\Omega U d\Omega=\int_0^{2\pi}\int_0^{\pi} U\sin\theta\, d\theta\, d\phi \tag{2.15}$$

$d\Omega=\sin\theta.\ d\theta.$ Ou ; . dtp: elemento angular sólido.

4.2.9. Direção da antena

A directividade de uma antena é definida como *"a relação entre a intensidade de radiação numa determinada direção da antena e a intensidade média de radiação em todas as direcções"*. Pode ser escrita da seguinte forma:

$$D = \frac{U}{U_0} \qquad (2.16)$$

A intensidade média de radiação é ёдаle a a potência total rayonппёе pela antena divididaёе por 4 л. Ela é dada por:

$$U_0 = \frac{P_{rad}}{4\pi} \qquad (2.17)$$

Se a direção não for especificada, implica a direção da intensidade máxima de radiação, que é expressa como:

$$D = D_0 = \frac{U_{max}}{U_0} = \frac{4\pi U_{max}}{P_{rad}} \qquad (2.18)$$

Ou ; D: directividade (sem dimensões)

D_0: directividade máxima (sem dimensões)

U: intensidade de radiação (W/unidade de ângulo sólido)

U_{max}: intensidade máxima de radiação (W/unidade de ângulo sólido)

U_0: intensidade de radiação da fonte isotrópica (W/unidade de ângulo sólido)

P_{rad}: potência radiada total (W)

A directividade de uma fonte isotrópica é ёдаle a 1, uma vez que: $U = U_{max} = U_0$.

4.2.10. Ganho

O ganho de uma antena (numa dada direção) é definido como *"a razão entre a intensidade, numa dada direção, e a intensidade de radiação (obtida se a potência aceite pela antena fosse irradiada isotropicamente). A intensidade de radiação correspondente à potência irradiada isotropicamente é igual à potência aceite (entrada) pela antena dividida por 4 л"*.

Na maioria dos casos, lidamos com o ganho relativo, definido como *"a relação entre o ganho de potência numa determinada direção e o ganho de potência de uma antena de referência na sua direção de referência"*.

A antena de rëfërence é uma fonte isotrópica sem perdas.

$$G = 4\pi \frac{U(\theta,\varphi)}{P_e\left(\textit{source isotrope sans perte}\right)} \qquad (2.19)$$

$_eP$ (fonte isotrópica sem perdas)

Quando a direção não é especificada, o ganho de potência é tomado gënëralmente na direção da radiação máxima.

4.2.11. Resistência à radiação [4,5]

Definimos a resistência à radiação num ponto Q como Q:

$$R_Q = \frac{2P_r}{I_Q^2} \qquad (2.20)$$

P_r: A potência ativa irradiada por uma antena.

I_Q: A corrente num ponto desta antena.

4.2.12. Polarização [10]

Uma antena irradia ou recebe ondas electromagnéticas. Existem três fagões fundamentais pelos quais a onda ëlectromagnëtica é irradiada, ou seja, li^airement (vertical ou horizontalmente), circularmente e elipticamente [11], ver figura II.1o.

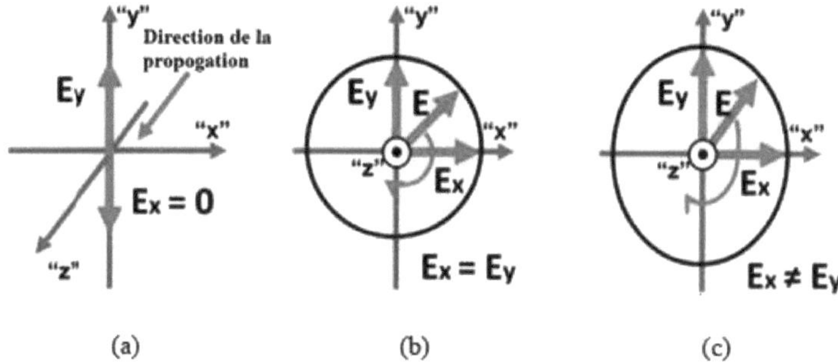

Figura II.10: Polarizações de uma antena: a) Linear, b) Circular, c) Elíptica. [11]

A polarização da antena é definida em consëquência com a polarização da onda electromagnética.

5. Antenas de microfita (MSA)

5.1. Descrição [12,13]

G.A. Deschamps foi o primeiro a introduzir o conceito de radiadores de microfita em 1953, e a primeira documentação patenteada de antenas de microfita foi produzida por Gutton e Baissinot de França em 1955, mas o verdadeiro desenvolvimento só teve lugar na década de 1970.

Na sua forma mais básica, uma antena microstrip consiste num elemento radiante (patch) num dos lados de um substrato dielétrico que tem um plano de terra no outro lado, como se mostra na Figura II.11.

A mancha é geralmente feita de material condutor, como cobre ou ouro, e pode ter qualquer forma. A mancha radiante e as linhas de alimentação são normalmente fotogravadas no substrato dielétrico.

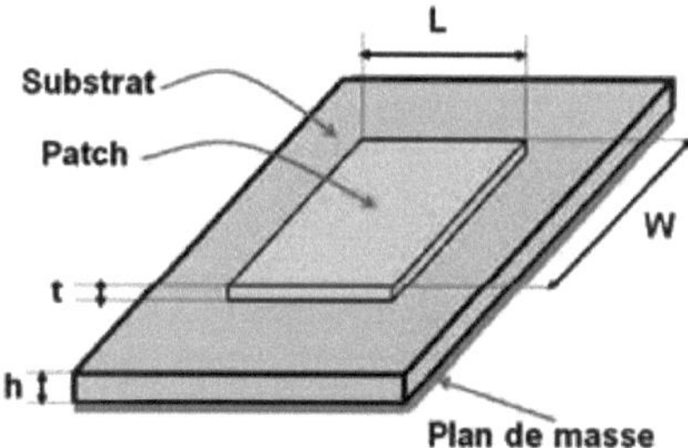

Figura II.11: Estrutura da antena de microfita.

As antenas de remendo irradiam principalmente devido aos campos de franja entre o bordo do remendo e o plano de terra.

Para um bom 1 desempenho da antena, é desejável um substrato dielétrico de ë de espessura com uma baixa constante dielétrica, pois proporciona melhor eficiência, largura de banda e radiação [2].

5.2. Diferentes formas de patch para antenas de microfita

O elemento radiante (patch) de uma antena de microfita pode assumir várias formas simples ou complexas; entre as formas simples e principais estão a forma quadrada ou retangular, a forma circular ou elíptica e a forma triangular. De todas as versões existentes, a forma retangular é a mais utilizada, uma vez que oferece dois graus de liberdade para modificar o desempenho da antena [8]. A Figura II.12 mostra algumas formas simples do elemento irradiante:

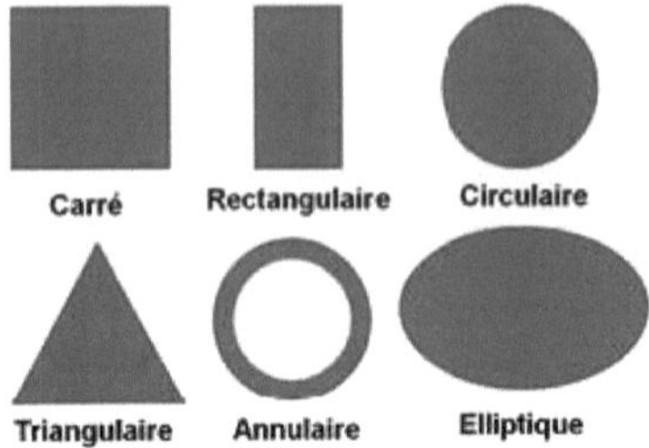

Figura II.12: Diferentes formas de mancha.

A variação da área de superfície do elemento radiante é uma das técnicas para melhorar a largura de banda. Esta variação pode levar a uma alteração do percurso da corrente e das linhas de campo eletromagnético, o que, por sua vez, altera a frequência de funcionamento e o padrão de radiação da antena.

Existem outras formas (figura II.13) cuja mancha pode ser parcialmente modificada e cortada por letras (L, H, E, S, V... etc.) ou pode também assumir outras formas, como a forma espiralada ou meândrica, que estão envolvidas na miniaturização das antenas (ver capítulo III).

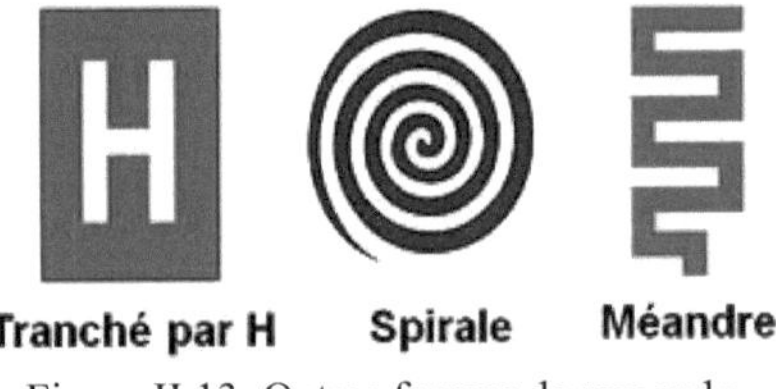

Figura II.13: Outras formas de remendo.

5.3. Técnica de alimentação de antena de microfita [2]

Nesta secção, discutiremos as cinco técnicas amplamente utilizadas para alimentar antenas de microfita.

Todas as técnicas são rëalisëes facilmente usando a tecnologia de fazer circuitos imprimës pelo mëtodo de fotogravura e causam uma largura de banda ëйюНс.

5.3.1. Linha de transmissão microstrip

A linha microstrip é uma banda de transmissão de largura muito pequena gravada no mesmo plano que o patch.

A linha de alimentação microstrip (Figura II. 14) é facilmente concebida utilizando a tecnologia de circuitos impressos foto-gravados. O condutor central da porta de ligação SMA (para a versão Sub Miniatura A) é soldado diretamente a esta linha de alimentação na extremidade da antena, enquanto o condutor exterior é ligado ao plano de terra. A modëlização da antena é facilmente rëalisëëe através deste tipo de alimentação mas, como resultado, apresenta uma largura de banda estreita.

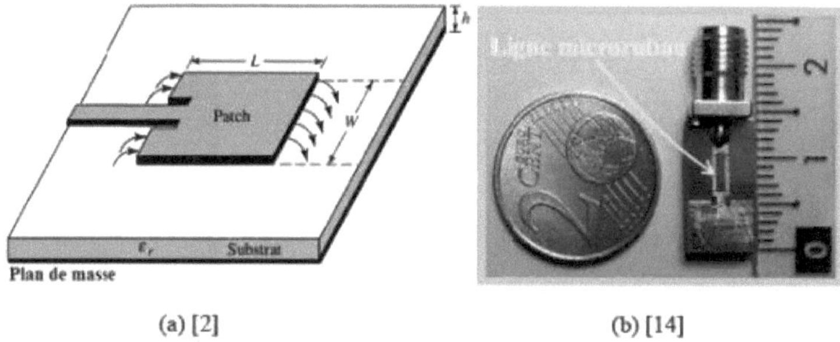

(a) [2] (b) [14]

Figura II.14: (a) Alimentação de microfita, (b) Foto de uma antena concluída.

A técnica de alimentação por linha microstrip é a preferida para certas aplicações de conjuntos de antenas (Figura II. 15), mas neste caso as perdas de acoplamento por ondas de superfície aumentam, o que gera interferências que perturbam a radiação da antena.

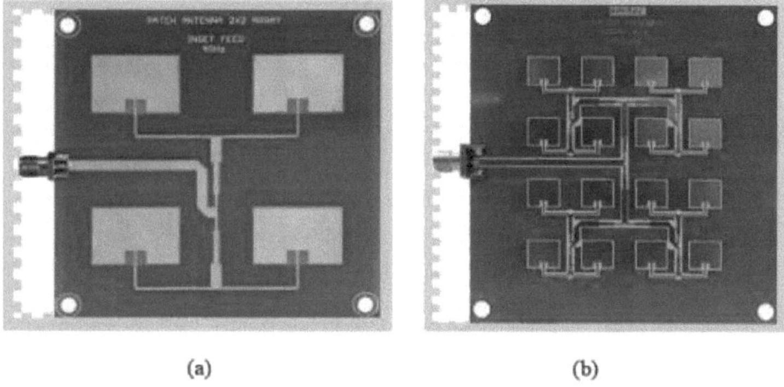

(a) (b)

Figura II.15: Linha microstrip alimentando um conjunto de antenas de (a) 4 patches,

5.3.2. Sonda coaxial

Neste tipo, o substrato deve ser percë para colocar o conetor central da porta SMA (Figura II.16) no orifício e soldá-lo diretamente ao remendo, o que minimiza as perdas de radiação da linha.

A modëlização da impëdância de entrada é um pouco difícil com esta técnica de alimentação, variando a posição da sonda nas bordas do l^tement radiante (patch).

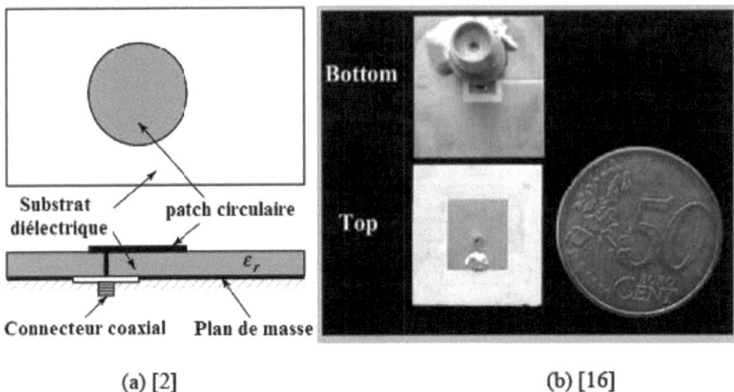

(a) [2] (b) [16]

Figura II.16: Alimentação de uma sonda coaxial, (b) Fotografia de uma antena concluída.

5.3.3. Acoplamento de abertura (ranhura)

Dois substratos com diferentes permissividades si e £2 são sobrepostos um sobre o outro (sanduíche), entre os quais é impresso um plano de terra completo cortado por uma pequena abertura retangular (ou outra forma).

A linha de alimentação gravada na parte inferior do substrato 2 emite energia através da ranhura para a proteção do substrato 1 (figura II.17).

Para modificar o design, a posição da fenda pode ser centrada ou dëcalëed abaixo do patch. Apenas os feixes de ondas electromagnéticas dirigidas para a fenda que penetram com sucesso no substrato 1, outras ondas são reflectidas pela presença de um plano de terra mëtalIIque separa os dois substratos.

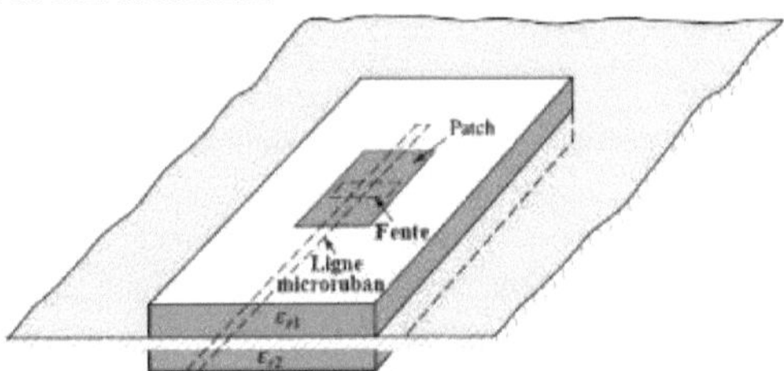

Figura II.17: Fonte de alimentação com acoplamento de abertura. [2]

5.3.4. Acoplamento de proximidade

Nesta estrutura, a linha de alimentação microstrip (faixa) está localizada entre duas camadas dieléctricas (Figura II.18):

- uma camada superior com a mancha no topo (substrato da antena);
- uma camada inferior cujo plano de terra se encontra na parte inferior (substrato de alimentação).

O acoplamento eletromagnético ocorre de forma independente e sem contacto entre a linha de alimentação e o adesivo, o que minimiza a radiação parasita.

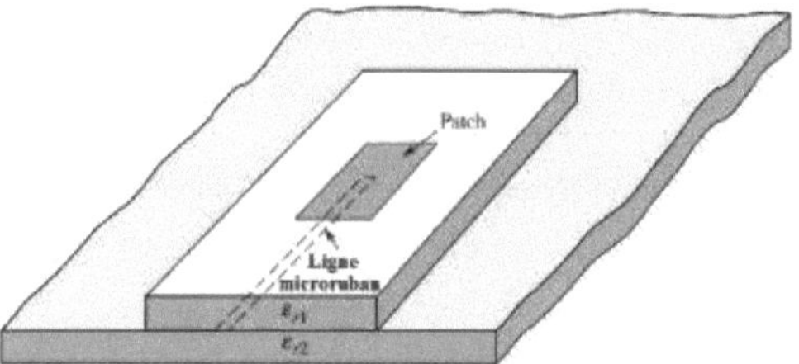

Figura II.18: Fonte de alimentação com acoplamento de proximidade. [2]

Entre os quatro géneros alimentícios

s dëcrites no topo:

- O acoplamento de proximidade tem a maior largura de banda (até 13%).
- O acoplamento de abertura é o mais difícil de modelizar e fabricar.

5.3.5. Guia de onda coplanar [17]

Neste tipo de fonte de alimentação, a linha coplanar e o plano de terra estão alinhados do mesmo lado (Figura II. 19), o que permite colocar componentes activos do tipo SMD (surface-mounted component) e criar modelos reconfiguráveis de antenas ou matrizes. Uma antena alimentada por um Guia de Ondas Coplanar (CPW) é mais simples do que uma alimentada por acoplamento de ranhuras.

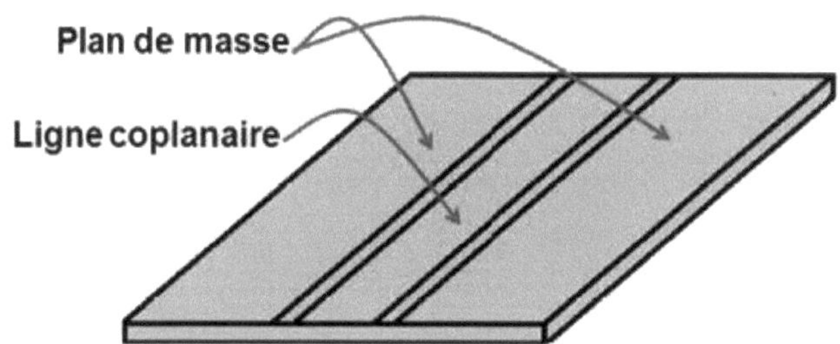

Figura II.19: Linha de guia de onda coplanar.

As vantagens desta estrutura são o aumento da eficiência, uma maior largura de banda e um melhor isolamento entre o circuito de alimentação e o elemento radiante.

Os três modelos mostrados na Figura 11.20 apresentam circuitos equivalentes para cada uma dessas fontes de alimentação.

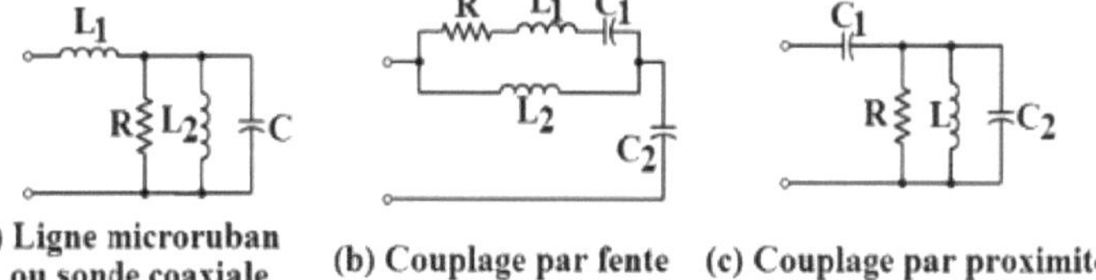

(a) Linha microstrip ou sonda coaxial b) Acoplamento de fendas c) Acoplamento de proximidade

Figura II.20: Circuitos equivalentes para diferentes configurações.

5.4. Modo de excitação da antena de microfita [2]

Para determinar o modo dominante com a ressonância mais baixa, precisamos de olhar para as frequências de ressonância. O modo com a frequência de ressonância mais baixa é designado por modo dominante. A colocação das freqüências de ressonância em ordem crescente determina a ordem dos modos de operação. Para todas as antenas de microfita h<<L e h<<W.

Se: L> W> h, o modo de menor frequência (modo dominante) é o TM010 cuja frequência de ressonância é dada por:

$$(f_r)_{010} = \frac{1}{2L\sqrt{\mu\varepsilon}} = \frac{\upsilon_0}{2L\sqrt{\varepsilon_r}} \quad (2.21)$$

Ou ; u0: a velocidade da luz no espaço livre.

Além disso, se: 0x01L> W> L/2> h, o próximo modo de ordem superior (segunda) é o *TM* cuja frequência de ressonância é dada por:

$$(f_r)_{001} = \frac{1}{2W\sqrt{\mu\varepsilon}} = \frac{\upsilon_0}{2W\sqrt{\varepsilon_r}} \quad (2.22)$$

No entanto, se: 0x200x01L> L/2>W> h, o modo de segunda ordem *éTM*, em vez de *TM*, cuja frequência de ressonância é dada por:

$$(f_r)_{020} = \frac{1}{L\sqrt{\mu\varepsilon}} = \frac{\upsilon_0}{L\sqrt{\varepsilon_r}} \quad (2.23)$$

0x01Se: W> L> h, o modo dominante é o TM cuja frequência de ressonância é dada por (2.23), enquanto que se: W> W/2> L> *h,* o modo de segunda ordem é o TM cuja frequência de ressonância é dada por (2.23): W> W/2> L> h, o modo de segunda ordem é a TM^x_{002}.

A distribuição do campo elétrico tangencial ao longo das paredes laterais da cavidade para a

xxxx

010001020002Os modos: *TM*, *TM*, *TM* e *TM* são apresentados na Figura II.21.

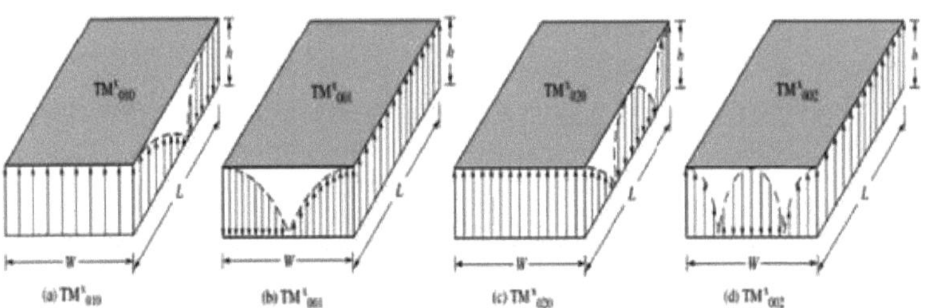

Figura II.21: Configurações de campo (modos) para uma antena retangular de microfita.

Em toda a prëcëdente discussão, ele ë1.ë assumiuë que não há efeito de pele (campos ao longo das bordas da cavidade). Isso não é totalmente válido, mas é um bom livpotliese para calcular campos.

5.5. Caraterísticas específicas das antenas de microfita

Nesta secção, explicaremos brevemente algumas das caraterísticas das antenas de microfita:

5.5.1. Largura de banda [18]

As antenas de remendo têm uma largura de banda estreita (para um coeficiente de reflexão <-10 dB) com um rácio de largura de banda entre 1% e 5% (rácio de impedância BW <5%).

5.5.2. **Fator de qualidade** [18]

Em geral, o fator de qualidade é inversamente proporcional à dimensão da antena em termos de comprimento de onda.

Como a largura de banda é a de uma antena de microfita muito pequena, seu fator Q é baixo. O fator cpЫПё típico de um patch está entre 50 e 75.

5.5.3. **Padrão de radiação e directividade** [19]

Os diagramas de radiação tópica nos planos E e H são apresentados na figura II.22. Se o plano de massa for finito, ocorrerão fugas na direção do semiplano inferior.

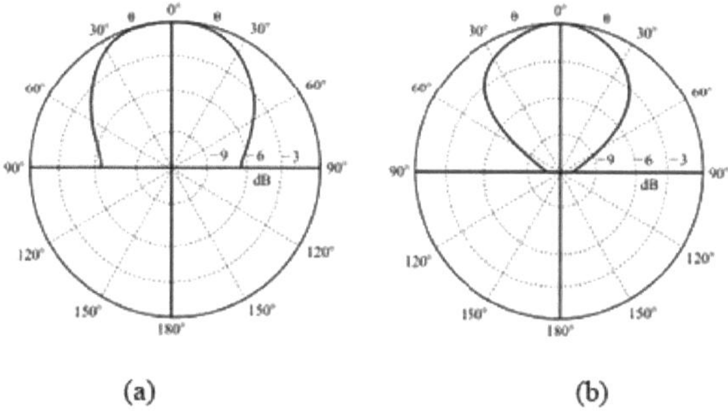

Figura II.22: Padrões de radiação TVp de uma antena retangular para (a) o plano E e (b) o plano H.

para (a) plano E e (b) plano H [19].

5.5.4. **Ganho** [20]

Uma antena de microfita construída com um único elemento radiante (patch) terá um ganho máximo de cerca de 6 dBi.

5.5.5. **Eficiência**

As antenas de microfita caracterizam-se por uma baixa eficiência.

5.5.6. **Polarização** [20]

A maioria das antenas de microfita são concebidas com polarização linear. Existem muitas aplicações, como a criação de filmes 3D, etc., em que é mais fiável utilizar a polarização circular.

As antenas de microstrip circularmente polarizadas podem ser classificadas em três tipos: alimentação simples, alimentação dupla e rotação sequencial.

A figura II.23 mostra quatro concepções de alimentação únicas. As figuras II.23 (a) e (b) mostram, respetivamente, uma mancha quase quadrada e uma forma quase circular (elíptica). As figuras II.23 (c) e (d) mostram, respetivamente, uma mancha quadrada com cantos truncados e uma mancha circular com entalhes. Embora as sondas coaxiais sejam mostradas nesta figura, os patches também podem ser alimentados por uma linha microstrip ou por acoplamento através de uma abertura. Esta conceção é simples, mas sofre de uma largura de banda muito estreita para substratos finos.

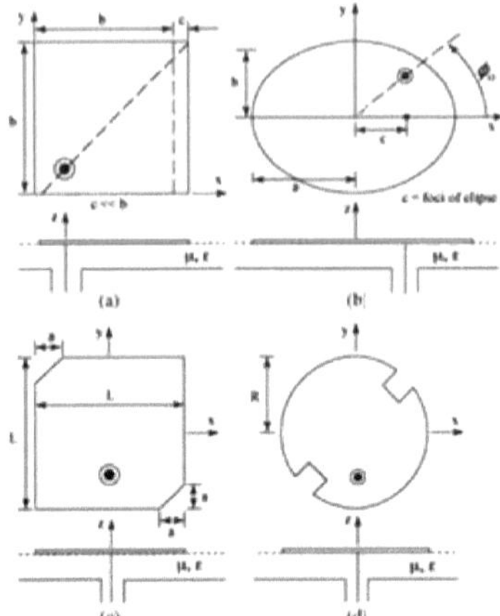

Figura II.23: Polarização circular de manchas: (a) quase quadrada; (b) elíptica. (c) quadrado com cantos truncados. (d) circular com entalhes [20].

1.6. Vantagens e desvantagens das antenas de microfita [21-23]

1.6.1. Benefícios

As antenas de microfita oferecem uma série de vantagens importantes, incluindo

- São fáceis de fabricar utilizando a tecnologia de circuitos impressos e a sua produção é pouco dispendiosa;
- Suportam polarização linear e circular;
- Pode ser integrado com outros módulos de hiperfrequência;
- Estrutura radiante, sem necessidade de cavidade;
- Pouco peso, pegada mínima.

1.6.2. Desvantagens

Esta tecnologia apresenta as seguintes limitações

- Largura de banda estreita ;
- Ganho de potência inferior (-6 dB) ;
- Onda de superfície e perda óhmica ;
- Radiação difusa e orientação num semi-plano ;
- Uma fonte de alimentação elevada fará com que a antena e as suas ligações rebentem.

6. **Antena** de Ressonador Elétrico (DRA)

O objetivo desta secção é compreender o funcionamento das antenas rectangulares RD (RDRA), os seus modos fundamentais e secundários, a expressão das suas frequências de ressonância, as formas de campo no interior do ressoador e os padrões de radiação correspondentes a cada modo.

6.1. Descrição [24,25]

Os ressoadores eléctricos que utilizam materiais de elevada permissividade foram desenvolvidos para circuitos de micro-ondas, tais como filtros ou osciladores.

Quando um ressoador dielétrico é colocado num ambiente aberto complementar (sem uma cavidade de proteção), o fator Q dos modos mais baixos é muito reduzido para cerca de 10 a 100, porque a potência de micro-ondas é perdida através do efeito de campos irradiados.

Este facto foi constatado por Richtmeyer [26] em 1939 e torna os ressoadores dieléctricos úteis como elementos de antena.

No final da década de 1960, o desenvolvimento de matëriais cërâmicos de baixa perda abriu caminho para sua utilização como elementos de alto fator. A possibilidade de construir pequenas antenas ressonadoras dielétricas foi relatada pela primeira vez por Sager e Tisi [27] em 1968.

No início dos anos 80, S. A. Long foi o primeiro a utilizar múltiplos mecanismos de alimentação para excitar diferentes modos de uma antena de ressonador dielétrico (DRA).

Uma matriz experimental de ressoadores dieléctricos excitados por um guia dielétrico foi relatada por Birand e Gelsthorpe [28] em 1981, embora o primeiro estudo experimental e teórico de uma antena de ressoador dielétrico tenha tido de esperar até 1983 [29].

A determinação da impedância de entrada, do fator Q e dos campos no interior do ressoador foi conseguida durante os anos 90 através da aplicação de técnicas analíticas e/ou numéricas. Kishk, Junker, Glisson, Luk, Leung, Petosa, etc., descreveram uma quantidade significativa de análises de DRA. Mongia e Bhartia [30] publicaram uma revisão da conceção e cálculo dos modos e caraterísticas de radiação de antenas de ressoadores dieléctricos.

A literatura atual centra-se em concepções miniaturizadas de antenas RD para melhorar a largura de banda da antena e responder a aplicações portáteis sem fios.

6.2. Diferentes formas de antenas RD [25,31].

Os RDs têm uma variedade de formas, incluindo cilíndrica (a mais popular), anelar, tubular, esférica e paralelepipédica.

A figura II.24 mostra os RD de tampa cilíndrica, retangular, hemisférica, disco circular de baixo perfil, triangular de baixo perfil e esférica.

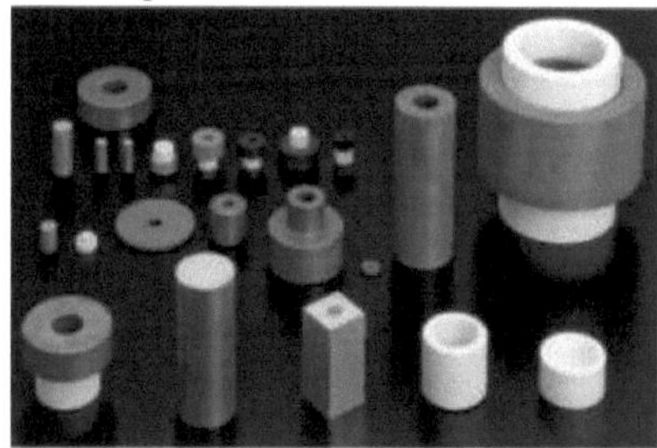

Figura II.24: Ressonadores dieléctricos de diferentes formas. [32]

Ao modificar a geometria do RD, é possível modificar e controlar a excitação da antena e obter um padrão de radiação esperado [33]. O campo elétrico interno do RD pode ser controlado com variações na forma [34] e, inversamente, fazendo alterações controladas na forma, é possível ajustar o desempenho da antena alterando o campo elétrico interno.

Existe uma correlação direta entre a forma do DRA e o seu desempenho. Desde que foram publicados os primeiros artigos sobre o conceito de DRA, muito trabalho tem sido feito sobre as formas básicas do DRA.

6.3. Tipo de modos (TE, TM, HEM) [35]

Existem quatro tipos de ondas electromagnéticas:

1. Modo elétrico e magnético transversal (TEM)
2. Modo elétrico transversal (TE)
3. Modo magnético transversal (TM)

4. Modo híbrido elétrico e magnético (HEM) ou HE ímpar e EH par

A propagação do modo depende principalmente da seguinte configuração:

5. Entusiasmo
6. Dimensões
7. Acoplamento
8. Ambiente
9. Ponto de excitação
10. Impedância de entrada

6.4. Modos de ressonância [35]

Com o conhecimento dos modos, as caraterísticas de radiação de uma antena podem ser previstas e o projetista pode, por conseguinte, introduzir uma correção no projeto da antena. No RDRA, os modos de ressonância representam fenómenos de radiação utilizando modelos de campos E e H. Os modos de ressonância são padrões de campos E e H no interior do RDRA. A figura II.25 mostra que os campos eléctricos estão sempre associados a campos magnéticos e vice-versa.

As equações do campo modal são desenvolvidas utilizando funções baseadas em Fourier de termos cossenos ou senos que aparecem com base nas condições de fronteira RDRA, ou seja, as seis paredes RDRA podem ser PMC, PEC ou qualquer combinação destas paredes.

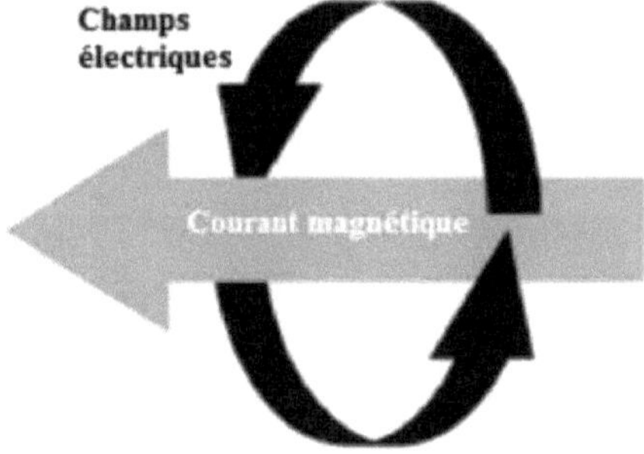

Figure 25: 5: Campos eléctricos e campos magnéticos associados

Consequentemente, os modos ressonantes fornecem uma visão física dos fenómenos radiantes que ocorrem no interior do RDRA. Os modos ressonantes formam um conjunto de funções ortogonais para calcular a corrente total sobre a superfície do RDRA.

A Figura II.26 mostra a configuração dos modos ressonantes gerados no RDRA. A onda só pode propagar-se se o vetor de onda k> kc, em que kc é a frequência de corte. A ressonância mais baixa é chamada de modo dominante.

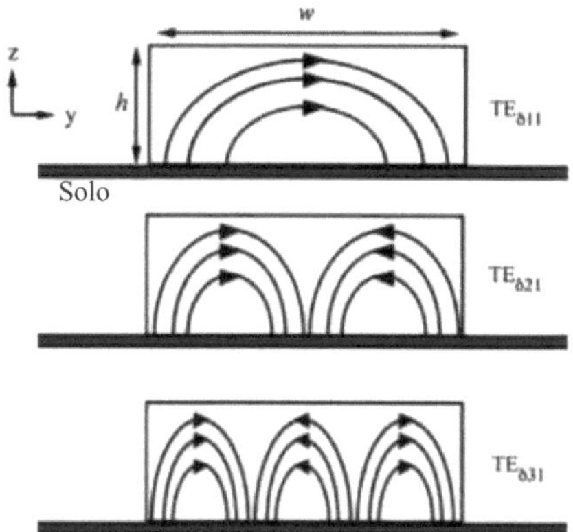

Figure 26: 6: Modos de ressonância no plano yz. **[35]**

6.5. Técnica de alimentação comum para antenas RD [24].

São utilizados vários mecanismos de alimentação para excitar diferentes modos de ressonadores. Esta sub-secção resume as excitações mais utilizadas:

6.5.1. Excitação por sonda coaxial

A sonda pode ser colocada dentro ou ao lado da ARD. No interior da antena RD, pode obter-se um bom acoplamento alinhando a sonda ao longo do campo elétrico do modo ARD, como se mostra na figura II.27.

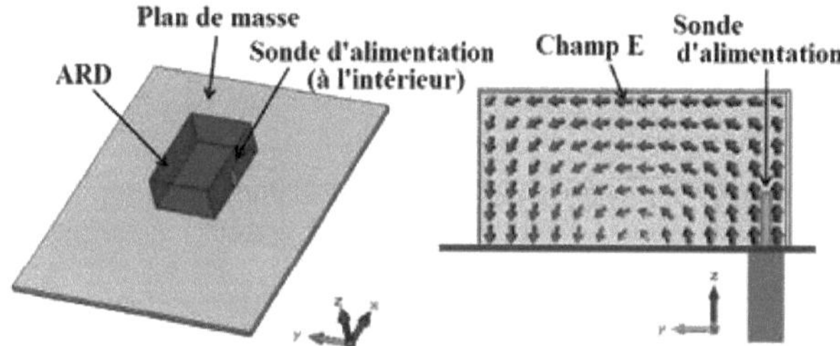

Figura II.27: Sonda coaxial que acopla o campo E. **[24]**

A posição adjacente é utilizada para acoplar o campo magnético do modo DRA (Figura II.28). Em ambos os casos, a sonda excita o modo fundamental TE_{111} do DRA retangular.

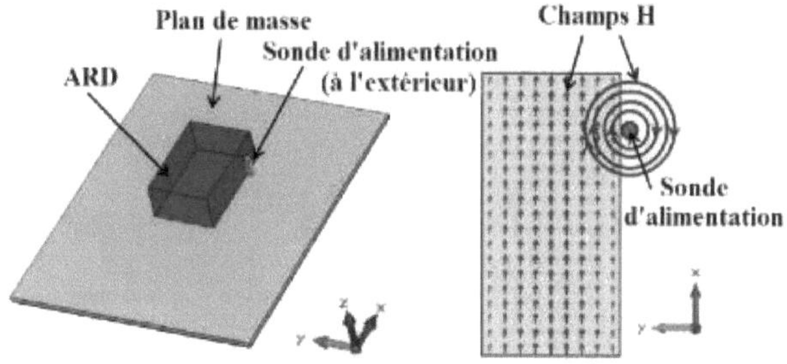

Figura II.28: Sonda coaxial que acopla o campo H. **[24]**

Quando a sonda de excitação se encontra no interior do ressoador, o espaço de ar (entre a sonda de excitação e o material didéctico) conduz a uma constante didéctica efectiva a $_r$ mais baixa, o que resulta numa diminuição do fator Q e numa alteração da frequência de ressonância [36,37].
A localização da sonda permite selecionar o modo de excitação pretendido e otimizar o acoplamento dos modos, ajustando o comprimento e a altura da sonda.

6.5.2. Linha de alimentação microstrip e guia de onda coplanar

O princípio é semelhante ao da excitação da sonda coaxial. Uma linha microstrip placëe perto da antena a RD gera os seguintes phënomënes:

- pode acoplar o campo magnético do modo do últimoiëre ;
- pode afetar a polarização da antena;
- aumentar a radiação dispersa.

Isto pode ser reduzido colocando a linha sob o ressoador, como se mostra na Figura II.29.a. Outra manière é substituir a linha microstrip por um guia de onda coplanar, a Figura II.29.b mostra um ARD retangular excitado por um guia de onda coplanar.

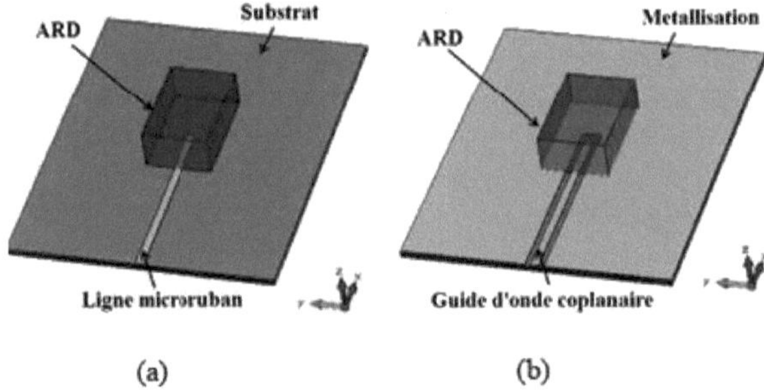

Figura II.29: Linha de alimentação; (a) microstrip e; (b) guia de onda coplanar. **[24]**

Em ambos os casos, o modo de acoplamento pode ser optimizado alterando a posição do ressoador e/ou a sua permissividade dieléctrica.
Estes métodos de excitação perturbam os modos ARD através da introdução de condições de fronteira eléctrica. Este fenómeno é ainda mais sensível quando a antena é em miniatura.

6.5.3. Acoplamento por abertura

O método de excitação de uma antena RD por acoplamento de abertura consiste em atuar através de uma abertura no plano de terra.
A figura II.30 mostra um exemplo de excitação do modo TE111 de um ARD retangular com uma abertura retangular. Para obter um acoplamento adequado, a abertura deve ser colocada numa região magnética forte da ARD. A alimentação da abertura com uma linha de microfita é uma abordagem atual [38,39].
A dimensão principal da abertura deve ser de cerca de $x_{g/2}$, o que é muito problemático a baixas frequências.
Para além destes múltiplos métodos de alimentação, a escolha de diferentes formas de DRA representa outro grau de flexibilidade e versatilidade.

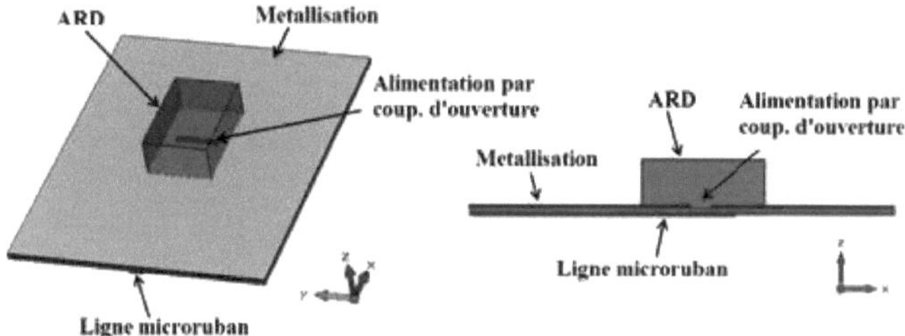

Figura II.30: Abertura acoplando o modo TE_{111} de ARD retangular. [24]

6.6. Caracterização dos modos de ressonância do DRA retangular [24].

O ARD retangular caracteriza-se pelo seu comprimento a, largura b e altura d. Tem três comprimentos independentes, o que lhe confere mais um grau de liberdade do que o ARD cilíndrico.

O modelo utilizado para analisar a ARD retangular é o modelo de guia de onda dieléctrica [40-42].

Na figura II.31, a superfície inferior é uma parede eléctrica (uma vez que o DRA está montado num plano de massa). A superfície superior e dois lados do DRA são assumidos como paredes magnéticas perfeitas, enquanto os outros dois são paredes magnéticas imperfeitas (uma vez que o caso considerado é realista).

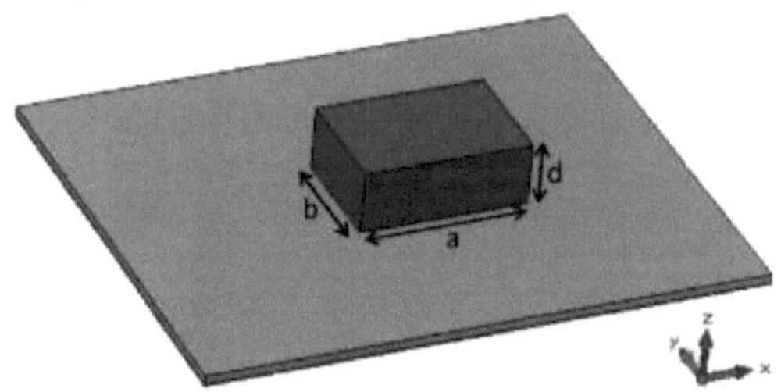

Figura II.31: Antena retangular RD. [24]

Os modos num ressoador dielétrico retangular isolado podem ser divididos em duas categorias:

TE e TM, mas quando o ARD é montado num plano de terra, apenas os modos TE são tipicamente excitados. O modo fundamental é o TE_{111}. Como as três dimensões do DRA são independentes, os modos TE podem ser localizados nas três direcções seguintes: x, y e z.

Referindo-nos ao sistema de coordenadas cartesianas representado na figura II. 31, se as dimensões de RD forem tais que: a> b> d, os modos na ordem de frequência de ressonância

zyx

são: 111111111*TE* , *TE* e *TE* . A análise de todos os modos é semelhante.

1z11O exemplo do modo *TE* é discutido em [40], as componentes do campo no interior do ressoador e as frequências de ressonância são apresentadas analiticamente. O software CST MS pode ser utilizado para visualizar os campos E e H, como mostra a figura 11.32.

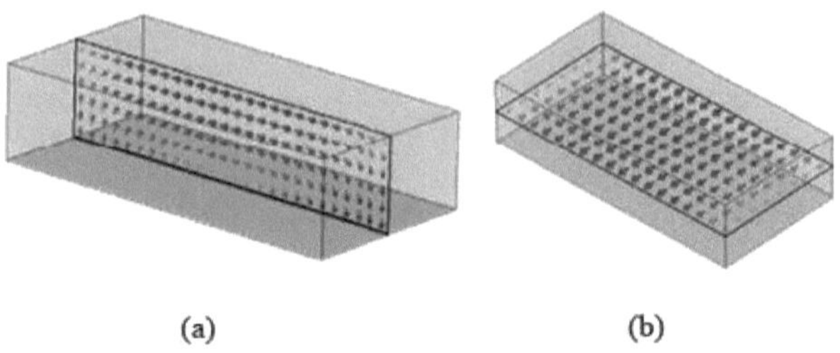

Figura II.32: (a) Campo E e (b) campo H do modo TE_{111} **[24].**

As equações caraterísticas do ARDR são dadas a seguir:

$$\begin{cases} k_0^2 = k_x^2 + k_y^2 + k_z^2 \\ k_0 = \frac{\omega_0}{\upsilon} = \frac{2\pi f_0 \sqrt{\varepsilon_r \mu_r}}{c} \end{cases} \tag{2.24}$$

Ou ; k_0: onda espacial livre ;

k_x, k_y, k_z: constantes de propagação nas direcções x, y e z, respetivamente.

A definição de frequências de ressonância é dada a seguir:

$$f_0 = \frac{c}{2\pi\sqrt{\varepsilon_r \mu_r}} \sqrt{k_x^2 + k_y^2 + k_z^2} \tag{2.25}$$

Ou: $k_x = \frac{m\pi}{a}, k_y = \frac{n\pi}{b}, k_z = \frac{p\pi}{d}$

Encontra-se resolvendo a seguinte equação transcendental - quando os campos se propagam na direção Z -:

$$k_z \tan\left(\frac{k_z a}{2}\right) = \sqrt{(\varepsilon_r - 1)k_0^2 - k_z^2} \tag{2.26}$$

Utilizando este modelo, as frequências de ressonância calculadas estão próximas dos valores medidos se for utilizada uma permissividade ε_r elevada. Aparece uma deslocação de frequência para ε_r baixo, mas o modelo continua a ser um bom método de aproximação.

A expressão para a frequência de ressonância de um RDRA pode ser dada da seguinte forma: [35]

$$f_{r(m,n,p)} = \frac{c}{2\pi\sqrt{\varepsilon\mu}} \sqrt{\left(\frac{m\pi}{a}\right)^2 + \left(\frac{n\pi}{b}\right)^2 + \left(\frac{p\pi}{d}\right)^2} \tag{2.27}$$

6.7. Caraterísticas eléctricas e electromagnéticas dos DRAs

6.8. 1. Caraterísticas eléctricas [43, 44]

a. Frequência de ressonância

A teoria fundamental do campo eletromagnético sugere que os modos de uma guia de ondas dieléctrica podem ser TE, TM ou híbridos. Por conseguinte, para a análise dos modos RDRA, apenas serão discutidos os modos TE_{mnl}, indicando os índices m, n e l a ordem de variação ao longo das direcções x, y e z do sistema de coordenadas cartesianas, respetivamente.

A frequência normalizada é definida como:

$$F = \frac{2\pi\omega f_0\sqrt{\varepsilon_r}}{c} \quad (2.28)$$

b. Fator Q e largura de banda

A escolha do modo a utilizar para aplicações de antena depende do fator Q que é utilizado para avaliar o desempenho ou a qualidade de um ressoador.

O fator Q ou fator de qualidade é uma medida da largura de banda de funcionamento e é definido por:

$$Q = \frac{\omega_0 U}{P} \quad (2.29)$$

ω_0: Ou; pulso de ressonância;

U é a energia armazenada;

P é a dissipação de energia.

Quando o ressoador oscila livremente sem ser acionado por uma fonte externa, referimo-nos a isto como o Q sem carga. Quando uma fonte externa está permanentemente ligada ao ressoador, o Q apropriado é o Q de carga.

Para antenas, o fator Q importante é Q_{rad}, ou a potência dissipada do termo P na equação 2.29 é a potência irradiada. Van Bladel [45] afirmou que Q_{rad} é proporcional a r, para ressonadores dielétricos e esta relação -para o,- e1eyë- é dada como segue:

$$Q_{rad} \alpha \in_r^P \quad (2.30)$$

Ou: P = 1,5 para os modos que irradiam como um dipolo magnético, e P = 2,5 para os modos que irradiam como um dipolo elétrico ou como um quadripolo magnético.

A largura de banda é definida como a largura de banda de frequência em que o rácio de onda estacionária de entrada (VSWR) da antena é inferior a um valor especificado S. Quanto maior for a largura de banda, maior será a cobertura do espaço de frequência em que a antena pode ser utilizada.

Mongia [46] apresentou uma expressão analítica para a largura de banda, esta relação é dada da seguinte forma:

$$BW = \frac{S-1}{Q_u\sqrt{S}} \quad (2.31)$$

Ou ; Q_u: fator de descarga Q.

As antenas de ressonador dielétrico têm uma perda dieléctrica e de condutor negligenciável em comparação com a sua potência radiada. Consequentemente, o Q irradiado,

$$Q_{rad} \cong Q_u \quad (2.32)$$

Os valores de P só são válidos para valores de permissividade muito elevados (n $_{r>100}$). Os modos de ordem inferior têm geralmente um Q_{rad} mais baixo, o que os torna mais adequados para aplicações práticas. O fator Q_{rad} é importante porque um Q_{rad} baixo indicaria uma largura de banda larga, mas um Q_{rad} elevado indicaria uma largura de banda de funcionamento baixa.

As expressões finais para a energia total armazenada W e a potência radiada P_{rad} são [47]:

$$Q = \frac{2\omega_0 W_e}{P_{rad}} \quad (2.33)$$

Ou ; Prad e We: potência radiada e energia armazenada, respetivamente.

Estas quantidades são dadas por:

$$W_e = \frac{\varepsilon_0 \varepsilon_r abdA^2}{32}\left(1 + \frac{\sin(k_z d)}{k_z d}\right)(k_x^2 + k_y^2) \quad (2.34)$$

$$P_{rad} = 10k_0^4 |P_m|^2 \quad (2.35)$$

Onde: Pm é o momento de dipolo magnético da ARD:

$$P_m = -\frac{8jw\varepsilon_0(\varepsilon_r - 1)A}{k_x k_y k_z}\sin\left(\frac{k_x d}{2}\right)\hat{x} \quad (2.36)$$

O fator Q погтаНЗё (Qe) é dëfmi como:

$$Q_e = \frac{Q}{\varepsilon_r^{3/2}} \quad (2.37)$$

6.9. Vantagens das antenas DRA [35,48,49].

Os ressonadores dieléctricos são eficientes ëlëmeпts radiantes, e as suas principais vantagens incluem o seguinte:

- Baixas perdas de condução devido ao uso de matëriau diëlectrico, portanto, uma ëlevës eficiência e fator Q ;
- Compacto e portátil;
- A escolha de um DRA de permissividade mais ëlevëe pode reduzir consideravelmente o tamanho da ordem Ag hy/sT;
- Fácil de confecionar ;
- Sem desvio de frequência devido à mudança de temperatura;
- Capacidade de manuseamento de alta potência ;
- Ganho ëкуё e largura de banda ëlevëe ;
- Pode ser пПёдге com MMIC ;
- Vários modos podem ser дёиё1ё variando um dos rácios de aspeto;
- scbumas de acoplamento simples ;
- A largura de banda pode ser variada escolhendo a constante dieléctrica;
- Variëtë de formas possíveis;
- possibilidade de os alimentar com todos os mëtodos clássicos.

7. Comparação entre os ramos MSA/DRA [50,51].

Em rëfërence [50], o desempenho da antena DRA e da antena MSA foram comparados em frequências de ondas milimétricas através da medição de um DRA cilíndrico e de um disco circular MSA. Estas duas antenas foram construídas no mesmo substrato e alimentadas por linhas microstrip do mesmo comprimento usando transformadores de um quarto de onda (X/4).

Os resultados das medições mostram que:

a) A conceção e o fabrico da DRA são um pouco mais complexos do que os da MSA.

b) A DRA pode ser mais difícil de integrar em circuitos planos devido ao seu perfil tridimensional (ligação ao substrato).

c) Regista-se um melhor desempenho em termos de largura de banda e eficiência de radiação para as antenas DRA em comparação com as antenas MSA:

- a largura de banda da DRA é maior do que a da MSA ;
- enquanto os diagramas de radiação são lëgërementalmente mais largos do que os da MSA ;
- a antena de ressonador dielétrico pode irradiar mais eficientemente do que a antena de microfita (a ausência de perda condutiva).
- A DRA pode ser considerada uma alternativa promissora para antenas aplicadas em frequências de ondas milimétricas.

A rëfërencia [51] dá algumas orientações práticas sobre a escolha ou recomendação de um ëlëmento radiante adequado, seja microstrip ou RD, dependendo do requisito prático e da spëcificação do projeto, mas desta vez com diferentes mecanismos de mëfeed.

Os resultados obtidos com os dois ramos (MSA e DRA) são resumidos nos quadros seguintes:

Tabela II.2: Comparação das caraterísticas da largura de banda (parâmetros medidos e simulados).

Largura de banda (S11<-10 dB)		Antenas cilíndricas de microfita			Antenas cilíndricas RD		
		Sonda coaxial	Linha de microfita	Ranhura	Sonda coaxial	Linha de microfita	Ranhura
Valor absoluto (MHz)	Valores simulados	90	80	100	330	415	355
	Valores medidos	90	90	110	380	350	210
Em percentagem (%)	Valores simulados	2.2	2	2.5	8.3	9.7	9.2
	Valores medidos	2.2	2.2	2.9	9.5	8.3	5.4

Tabela II.3: Comparação das caraterísticas de radiação da antena primária (os valores entre parêntesis são parâmetros de previsão simulados).

Parâmetros de radiação	Antenas cilíndricas de microfita			Antenas cilíndricas RD		
	Sonda coaxial	Linha de microfita	Ranhura	Sonda coaxial	Linha de microfita	Ranhura
Largura do plano E	69 (73)	87 (90)	82.5 (78)	78 (110)	69 (110)	110 (99)
feixe (deg) Plano H	80 (70)	75 (89)	84 (88)	80 (70)	81 (90)	99 (90)
Ganho (dBi)	6.5 (6.6)	6.1 (6.4)	5.8 (5.9)	5.4 (5.4)	5.2 (5.6)	4.8 (5.1)
Eficiência (%)	87	80	82	96	92	93

Tabela II.4: Desempenho do DRA cilíndrico para diferentes permissividades do material dielétrico.

Tipo de alimentação eléctrica	Caraterísticas da antena	permissividade do material dielétrico		
		20	10	6
Sonda coaxial	Freq. Ressonância (GHz)	2.88	3.95	4.95
	Largura de banda (%)	3.48	8.3	12.82
	Ganho (dBi)	3.72	5.3	5.64
Ranhura	Freq. Ressonância (GHz)	2.71	3.86	4.93

	Largura de banda (%)	**3.21**	**9.2**	**12.64**
	Ganho (dBi)	**3.7**	**5.1**	**5.64**
Linha de microfita	**Freq. Ressonância (GHz)**	**3.04**	**4.25**	**-**
	Largura de banda (%)	**4.91**	**9.7**	**-**
	Ganho (dBi)	**4.08**	**5.66**	**-**

Os comentários e as comparações entre as duas tecnologias foram apresentados em [51], após a análise das medições:

- O DRA tem uma vantagem sobre o MSA em termos de largura de banda mais ampla e mais ëlevëe eficiência, mas à custa de um compromisso com o valor de ganho de cerca de 1 dB. Deve-se notar que as caraterísticas dos dois tipos de antena dependem de suas respectivas propriedades dië lectricas.
- Os intëgrës DRA ou MSA requerem fontes de alimentação de microfita ou de abertura, que são superiores em termos de desempenho XP. No entanto, se a eficiência for a questão, as fontes de alimentação de sonda coaxial são preferíveis.
- Embora a DRA pareça superar a MPA em alguns aspectos, o tratamento mecânico e a natureza estável da MPA são vantagens em relação à DRA.

8. Aplicações das antenas MSA/DRA [52].

As antenas são utilizadas nos seguintes domínios:

- Gestão do espetro de radiofrequências
- Sistemas de comunicação
- Televisão e radiodifusão em FM
- Radar
- Tëlëdëtecção
- Radioastronomia

9. Conclusão

Neste capítulo, explicamos as diferentes técnicas de alimentação para antenas de ressonador dielétrico microstrip e rectangulares.

Comparando as duas tecnologias, é possível selecionar a que é mais compatível com os sistemas de comunicação móveis e sem fios.

Neste capítulo, as principais formas de antenas e suas ëtës propriedades elétricas e ëlectromagnëticas foram ëlësentë e dëcribed com todos os parâmetros fundamentais. Isso deve ser suficiente para entender o funcionamento geral das antenas planares usadas em sistemas de comunicação sem fio.

Bibliografia do Capítulo II

[1] Zhi Ning Chen, Michael Yan Wah Chia, "*Broadband planar antennas-design and applications*", Pp. 5, Wiley&Sons, Inc, 2005.

[2] Constantine A. Balanis. *Teoria das Antenas - Análise e Projeto. 3 rdEdition.* John Wiley&Sons, Inc, 2005.

[3] PhD These, Lei Xing, "*Investigations of Water-Based Liquid Antennas for Wireless Communications*", Universidade de Liverpool, setembro de 2015.

[4] These de doctorat, Mondher LABIDI, ' *Conception et application des metamateriaux pour des circuits RF*, Ecole Superieure des Communications de Tunis, 2012.

[5] Tese de doutoramento, M|ckaël Jeangeorges, '*Conception d'antennes miniatures integrees pour solutions RFSiP*', Electronique, Universite de Nice-Sophia Antipolis, 2 de dezembro de 2010.

[6] F. Chetouah, N. Bouzit, I. Messaoudene, S. Aidel, M. Belazzoug, Y. Braham Chaouche, "*Annular Dielectric Resonator Loaded with Strip Loop Antenna for Tri-band Applications*", Pp. 862, 13th International Wireless Communications and Mobile Computing Conference (IWCMC), , 26-30 de junho de 2017, Valência, Espanha.

[7] Lokman Kuzu, Erdogan Alkan, "*Microwave Planar Antenna Design*", Relatório do Projeto ELE 791, Universidade de Syracuse, primavera de 2002.

[8] Farouk Chetouah, Salih Aidel, Nacerdine Bouzit, Idris Messaoudene, "*Uma antena monopolar impressa miniaturizada para aplicações WLAN de 5,2-5,8 GHz*", Int J RF Microw Comput Aided Eng, 2018.

[9] F. Chetouah, N. Bouzit, I. Messaoudene, S. Aidel, M. Belazzoug, Y. Braham Chaouche, "*Miniaturized Wideband Printed Retangular Patch Antenna for X- and Ku-Bands*", Pp. 847, 13th International Wireless Communications and Mobile Computing Conference (IWCMC), , 26-30 de junho de 2017, Valência, Espanha.

[10] PhD These, Maria De Los Angeles Castillo Solis, '*Dielectric resonator antennas and bandwidth enhancement techniques*', University of Manchester, 2014.

[11] Kraus,J.D., [1950], "*Antennas,*" New Yor-Toronto-London Mc Graw-Hill Book company, Electrical and Electronic Engineering Series, Federick Emmos Terman, Consulting Editior; W.W Harman and J.G Truxal, Associate Consulting Editors; ISBN 07-035410-3; pp 465.

[12] Rachmansyah, Antonius Irianto, A. Benny Mutiara, "*Designing and Manufacturing Microstrip Antenna for Wireless Communication at 2.4 GHz*", International Journal of Computer and Electrical Engineering, Vol. 3, No. 5, Oct. 2011.

[13] Ribhu Abhusana Panda, Upasana Patnaik, Nibedita Bisoyi, Kiran Tripathy, "*Microstrip Patch Antenna Design at 5.2GHz*", IJESC, Vol. 7, Issue No.4, 2017.

[14] F. Chetouah, N. Bouzit, I. Messaoudene, S. Aidel, M. Belazzoug, Y. B. Chaouche, "*Miniaturized printed retangular monopole antenna with a new DGS for WLAN applications*", Simpósio Internacional de Redes, Computadores e Comunicações (ISNCC), Marraquexe, Marrocos, 16-18 de maio de 2017.

[15] https://qph.ec.quoracdn.net/main-qimg-329c8b8d3ce6e67396b1f30208e89b00

[16] A. A. Salih, M. S. Sharawi, "*Highly miniaturized dual band patch antenna*", 10th European Conference on Antennas and Propa-gation (EuCAP), Davos, Suíça, 10-15 de abril de 2016.

[17] http://qucs.sourceforge.net/tech/node86.html

[18] Robert A. Sainati, "*CAD of Microstrip Antennas for Wireless Applications*", Artech House Antennas and Propagation Library, Pp. 5, 1996.

[19] Yi Huang, Kevin Boyle, "*Antennas From Theory to Practice, Chapter 5: Popular Antennas*", Pp. 187, John Wiley and Sons, Ltd, 2008.

[20] Kai-Fong Lee, Kin-Fai Tong, "*Microstrip Patch Antennas-Basic Characteristics and Some Recent Advances,*" Proceedings of the IEEE, Vol. 100, No. 7, Pp. 2169 - 2180, julho de 2012.

[21] Zhi Ning, Chenand Michael, Y. W. Chia, "*Broadband Planar Antennas: Design and*

Applications, Chapter two: Broadband Microstrip Patch Antennas", John Wiley & Sons, 2006.

[22] https://prezi.com/afmbgt_x7lfl/les-antennes-patch/

[23] Memoire de maitre es sciences '*Etude et realisation des antennes ultra large bande a double polarisation* ', Rabia Yahya, Universite du Quebec INRS- EMT, 2011.

[24] Marius Alexandru Silaghi, "*dielectric material*", Secção 1: Capítulo 2: *Dielectric Materials for Compact Dielectric Resonator Antenna Applications*, Pp. 27-30, L. Huitema, T. Monediere, InTech, Croácia, 2012.

[25] Hari Singh Nalwa, "*Handbook of Low and High Dielectric Constant Materials and Their Applications*", Stuart Penn, Neil Alford, 'Chapter 10: *ceramic dielectrics for microwave applications*', Academic Press, 1999.

[26] R. D. Richtmeyer, J. Appl. Phys. 10, 391, 1939.

[27] O. Sager, F. Tisi, Proc. IEEE, 56, 1593, 1968.

[28] M. T Birand, R. V. Gelsthorpe, Electron. Lett, 17, 633, 1981.

[29] S. A. Long, M. McAllister, L. C. Shen, IEEE Trans. Antennas Propagat, 31, 406, 1983.

[30] R. K. Mongia, P. Bhartia, Int. J. Microwave Millimeter-Wave CAE, 4, 230, 1994.

[31] Estes de Doutoramento, Maria De Los Angeles Castillo Solis, "*Dielectric Resonator Antennas And Bandwidth Enhancement Techniques*", Universidade de Manchester, 2014.

[32] These de Doctorat en Electronique, Hedi Ragad, '*Etude et conception de nouvelles topologies d'antennes a resonateur dielectrique dans les bandes UHF et SHF*', 22 Nov 2013, Tunísia.

[33] K. S. Ryu, A. A. Kishk, "*Ultra-Wideband Dielectric Resonator Antennas*," International Workshop on Antenna Technology (iWAT), Pp. 1 - 4, 2010.

[34] Denidni T. A., Weng Z., and Niroo-Jazi M., "*Z-Shaped Dielectric Resonator Antenna for Ultrawideband Applications*" , IEEE Transactions on Antennas and Propagation, Vol. 58, No. 12, Pp. 4059 - 4062, 2010.

[35] Rajveer S. Yaduvanshi, Harish Parthasarathy, "*Retangular Dielectric Resonator Antennas Theory and Design*", Capítulo 2: *Retangular DRA Resonant Modes and Sources*, Springer India, 2016.

[36] G. P. Junker, A. A. Kishk, A.W. Glisson e D. Kajfez, "*Effect of an air gap around the coaxial probe exciting a cylindrical dielectric resonator antennas*", Electronics Letters, Vol. 30, No. 3, pp. 177-178, 3 Feb. 1994.

[37] G.P. Junker, A.A. Kishk, A.W. Glisson e D. Kajfez, "*Effect of air gap on cylindrical dielectric resonator antennas operating in TM01 mode*", Electronics Letters, Vol. 30, No. 2, Pp. 97-98, 20 Jan. 1994.

[38] Kwok-Wa Leung, Kwai-Man Luk, Lai, K.Y.A.; Deyun Lin, "*Theory and experiment of an aperture-coupled hemispherical dielectric resonator antenna*," Antennas and Propagation, IEEE Transactions on , vol.43, no.11, pp.1192-1198, Nov. 1995.

[39] A. A. Kishk, A. Ittipiboon, Y. Antar, M. Cuhaci "*Slot Excitation of the dielectric disk radiator*", IEEE Transactions on Antennas and propagation, vol. 43, No. 2, pp.198-201, Fev. 1993.

[40] R. K. Mongia, A. Ittipiboon, "*Theoretical And Experimental Investigations on Retangular Dielectric Resonator Antenna*", IEEE Transactions on Antennas and Propagation, Vol. 45, No. 9, Pp. 1348-1356, setembro de 1997.

[41] D. Drossos, Z. Wu, L. E. Davis, "*Theoretical and experimental investigation of cylindrical Dielectric Resonator Antennas*", Microwave and Optical Technology Letters, Vol. 13, No. 3, pp. 119-123, outubro de 1996.

[42] R. K. Mongia e P. Bhartia, "*Dielectric Resonator Antennas - A review and General Design Relations for resonant Frequency and Bandwidth*", International Journal of Microwave and Millimeter-wave Computer-Aided Engineering, Vol. 4, No. 3, pp. 230-247, Mar. 1994.

[43] Estes de Doutoramento, Fauzi O. M. Elmegri, "*Modelo e projeto de um pequeno ressonador dielétrico compacto e antenas impressas para aplicações de comunicações sem fios*", Universidade de Bradford, 2015.

[44] K. M. Luk e K. W. Leung, "*Antennas series, Dielectric Resonator Antennas*", Capítulo 2, "Retangular Dielectric Resonator Antennas", Electronic & electrical engineering research studies;
[45] J. Van Bladel, "*On the Resonances of a Dielectric Resonator of Very High Permittivity*", Microwave Theory and Techniques, IEEE Transactions on, vol. 23, pp. 199-208, 1975.
[46] R. K. Mongia e P. Bhartia, "*Dielectric Resonator Antennas - A Review and General Design Relations for Resonant Frequency and Bandwidth*", International Journal of Microwave and Millimeter-Wave Computer-Aided Engineering, vol. 4, pp. 230-247, 1994.
[47] R. Kumar Mongia e A. Ittipiboon, "*Theoretical and experimental investigations on retangular dielectric resonator antennas*", Antennas and Propagation, IEEE Transactions on, vol. 45, pp. 1348-1356, 1997.
[48] These de Doctorat en Electronique, Hedi RAGAD, '*Etude et conception de nouvelles topologies d'antennes a resonateur dielectrique dans les bandes UHF et SHF*', 22 Nov. 2013, Tunísia.
[49] Memoire de maitrise en ingenierie, Abderrahmane Agouzoul, '*Conception et realisation d'une antenne a resonateur Dielectrique à 60 GHz pour les applications souterraines* ', quebec- Canada, Aout 2013.
[50] Qinghua Lai, Georgios Almpanis, Christophe Fumeaux, Hansruedi Benedickter, Ruediger Vahldieck, "Comparison *of the Radiation Efficiency for the Dielectric Resonator Antenna and the Microstrip Antenna at Ka Band*", IEEE Transactions on Antennas and Propagation, Vol. 56, No. 11, Pp. 3589 - 3592, Nov. 2008.
[51] Debatosh Guha, Chandrakanta Kumar, "*Microstrip Patch versus Antena de Ressonador Dielétrico com todas as alimentações comumente usadas: An experimental study to choose the right element*", IEEE Antennas and Propagation Magazine, Vol. 58, No. 1, Pp. 45 - 55, Feb. 2016.
[52] Odile Picon et al, "*Les antennes: theorie, conception et application*", Capítulo 6: *Differents domaines d'utilisation des antennes*, Dunod, Paris, 2009.

Capítulo III

Técnicas de miniaturização para antenas planares

1. Introdução

O mundo das comunicações pessoais está a desenvolver-se rapidamente devido à progressão da tecnologia de componentes RF. A simplicidade dos circuitos e os requisitos de menor congestionamento e menor volume, peso e custo são sempre procurados pelos fabricantes. A miniaturização é um Ficon para satisfazer estes requisitos.

Este capítulo aborda as diferentes técnicas de miniaturização. Para cada método, citaremos as últimas investigações disponíveis em revistas internacionais.

No decurso do estudo destas técnicas, daremos mais pormenores e exemplos das duas primeiras técnicas, uma vez que correspondem ao nosso trabalho de investigação que será descrito nos capítulos (IV e V).

2. Definição de antenas eletricamente pequenas [1]

Uma antena eletricamente pequena (ESA) é definida utilizando quatro tipos de antenas: Em primeiro lugar, em função da sua dimensão; em segundo lugar, em função da frequência de funcionamento; em terceiro lugar, em função da sua utilização; e, em quarto lugar, em função da estrutura condicionada pela dimensão.

Basicamente, existem dois tipos de SCE: um elemento elétrico e um elemento magnético. O elemento elétrico acoplado ao campo elétrico é conhecido como antena capacitiva. O elemento magnético acoplado ao campo magnético é conhecido como antena indutiva [2].

Atualmente, as pequenas antenas são utilizadas principalmente para comunicações móveis e outros sistemas sem fios. Estes sistemas sem fios são utilizados para comunicação, controlo, deteção, comunicação de proximidade, incluindo a necessária identificação por radiofrequência, utilização médica, comunicação e dados corporais e vídeo [3].

Figura III.1: Alterações nos telemóveis nos últimos anos.

3. Fator de miniaturização [4]

A definição de miniaturização de antenas consiste em reduzir as dimensões globais da antena, mantendo as suas principais caraterísticas, como a impulsão e os padrões de radiação.

Para antenas de banda estreita, isto significa obter uma ressonância com dimensões físicas muito menores do que o meio comprimento de onda do espaço livre na ressonância. Este fator é determinado por (3.1):

$$FM = \frac{f_{réf}^{original}}{f_{réf}^{miniaturisée}} \tag{3.1}$$

Esta definição permite aos utilizadores escolher a frequência de referência em função da aplicação. Quanto maior for o fator de miniaturização, maior será o grau de miniaturização.

4. Efeito da miniaturização nos parâmetros da antena [4]

Para fornecer uma base para o estudo de pequenas antenas, apresenta-se de seguida uma panorâmica do efeito da miniaturização nas suas caraterísticas mais importantes.

4.1. Diretor

Teoricamente, é frequente afirmar-se que as antenas pequenas têm um padrão de radiação unidirecional e bidirecional, com uma directividade D que varia entre 1,5 e 3. Podemos afirmar que as antenas têm uma radiação significativa em modo esférico. As antenas pequenas são também classificadas como antenas super-direcionais, uma vez que para diminuir o tamanho do ka, a sua directividade D permanece constante [5, 6].

4.2. Eficiência de radiação

A eficiência da radiação é uma questão crítica para as pequenas antenas, mas não tem sido estudada com rigor. O fator de eficiência de radiação da antena i] é simplesmente o rácio entre a potência irradiada pela antena e a potência fornecida aos terminais de entrada da antena.

Muitas vezes, o fator de eficiência é representado na fórmula:

$$G = \eta(1 - |\Gamma|^2)D \tag{3.2}$$

Ou ; G: ganho de realização.

E a eficiência da radiação i] pode ser representada como:

$$\eta = \frac{R_{rad}}{R_{rad} + R_{loss}} = \frac{R_{rad}}{R_A} \tag{3.3}$$

Ou; $R_A = R_{rad} + R_{loss}$: resistência total de entrada da antena. As perdas na antena, com exceção da radiação, são modëlisëes através de uma resistência de perda em série (R_{loss}).

Pode-se observar que à medida que o tamanho da antena ka diminui, R_{rad} diminui e a resistência de perda sëerial R_{loss} domina a expressão de eficiência na equação (3.3). Harrington [7] mostra que as perdas são extremamente grandes para valores menores de ka. Esta redução da eficiência deve-se principalmente às perdas de condução e dieléctricas dependentes da frequência na antena.

4.3. Fator de qualidade da antena

Um quantum intrinsëque notável para uma antena pequena é o fator Q, definido em [7]:

$$Q = \frac{2\omega_0 \max(W_E, W_M)}{P_A} \qquad (3.4)$$

Ou ; W_E e W_M: energias eléctrica e magnética armazenadas em média ao longo do tempo.

P_A: potência recebida pela antena.

A potência irradiada está relacionada com a potência recebida através dele:

$$P_{rad} = \eta P_A \qquad (3.5)$$

η: Ou; eficiência da antena.

Outra caraterística importante de Q é que ele é inversamente proporcional à largura de banda da antena. Uma aproximação comummente utilizada entre Q e a largura de banda fraccionada de 3 dB BW da antena é

$$Q \approx \frac{1}{BW} \quad \text{pour: } Q \gg 1 \qquad (3.6)$$

4.4. Impedância de entrada e correspondência

A impedância de entrada de pequenas antenas é geralmente caracterizada por baixa resistência e alta reactância [8]. À medida que o tamanho da antena diminui, a resistência à radiação R_{rad} diminui, fazendo com que a reactância da antena X_A domine.

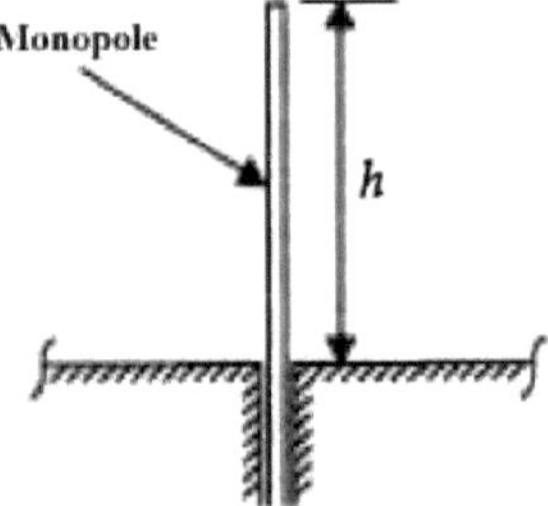

Figura III.2: Antena monopolar.

Com relação à Figura III.2, uma relação prática proporcional^, para pequenas antenas monopolo, foi ëlë doniK'e por [8] e [9]:

$$R_{rad} \propto \left(\frac{h}{\lambda}\right)^2 \qquad (3.7)$$

Ou ; h: altura do monopolo.

λ: comprimento de onda.

Isto implica que a resistência de entrada diminui quadraticamente com o tamanho ë^C^^.

5. **Limites teóricos à miniaturização de antenas planares [1].**

Um limite fundamental do AEE tem ël.ë feito por Wheeler desde 1947 [2, 10, 11]. Wheeler considera que a dimensão máxima do SCE é inercial a: X/2л.

$$ka < 1 \qquad (3.8)$$

$$k = \frac{2\pi}{\lambda} \quad \text{(rd/m)} \qquad (3.9)$$

λ: Ou ; comprimento de onda no espaço livre (metros)
a: raio da esfera que contém a dimensão máxima das antenas (metros).
Wheeler afirma que os SCE se encontram no espaço livre e podem ser rodeados por uma esfera de raio a, com: ka <1

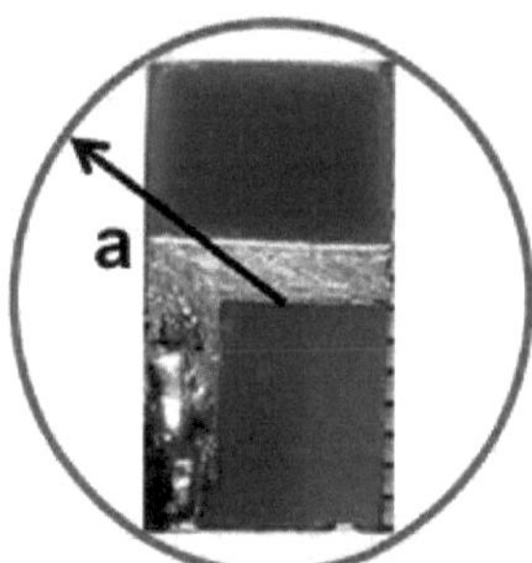

Figura III.3: Esfera de Schi.

Desde 1987 [2, 10, 11], Fujimoto, Henderson, Hirasawa e James também estudaram os limites teóricos do SCE. Conceberam antenas com um fator de qualidade mínimo de Q . Se o fator de qualidade superior (Q) for inferior, a largura de banda da impedância é menor. Em 1996, McLean corrigiu o trabalho sobre o Q mínimo (fator de qualidade) por uma AES.

Se o Q mínimo para um SCE no espaço livre:

$$Q_L = \frac{1}{(ka)^3} + \frac{1}{ka} \qquad (3.10)$$

O Q mínimo para um SCE em polarização circular:

$$Q_{L(CP)} = \frac{1}{2(ka)^3} + \frac{1}{ka} \qquad (3.11)$$

Como se pode ver na equação (3.10), a diminuição do tamanho de uma antena conduz a um aumento do seu fator Q. raUma medida mais realista do desempenho da antena é o fator de qualidade (Q) dividido pela eficiência da antena (q d). Além disso, o fator Q da antena pode ser reduzido à custa da sua eficiência e ganho (o aumento das perdas alarga a largura de banda). A conceção de pequenas antenas é, portanto, uma arte de compromisso entre tamanho, largura de banda e ganho. Assim, uma vez que a antena é miniaturizada, há pouco espaço para melhorar a sua largura de banda ou ganho. [12]

A redução do tamanho de uma antena causa dëgradação no ganho e na eficiência da antena, e a largura de banda torna-se mais estreita. [13]

Os parâmetros que afectam as limitações fundamentais das pequenas antenas são os seguintes

- $^{-3}$**Fator de qualidade da antena Q:** Q é proporcional a (ka) .
- **O rácio da largura de banda** (RBW): ^{3}RBW é proporcional a (ka) , RBW é quase ëgal a 1/Q. q é proporcional a $(ka)_4$.
- **O tamanho da antena ka:** ka é muito menor do que a unidade, onde a é o raio de uma esfera que circunda a antena [14].

6. Diferentes técnicas de miniaturização

Nesta secao, apresentaremos em detalhes, os mëtodos de miniaturizacao foundë na literatura e discutiremos o efeito de cada mëtodo nas caracteristicas da antena.

6.1. Técnica n.º 1: Alteração da planta baixa (DGS)

6.1.1. Descrição da técnica

A Estrutura de Terra Defeituosa (DGS) é um defeito grave de configuração periódica ou não periódica num plano de terra [15]. O princípio do método DGS consiste em utilizar ranhuras para modificar a distribuição de corrente no plano de terra, devido ao tamanho da DGS e à sua posição relativa, resultando na alteração das caraterísticas de transmissão.

Os DGS têm caraterísticas diferentes das suas geometrias de plano de terra. Tem sido amplamente utilizado como vários filtros de micro-ondas, tais como filtros passa-baixo, passa-banda e filtros notch [16-18]. O DGS foi utilizado como o principal método para reduzir a frequência de ressonância para as diferentes configurações de antena no nosso trabalho.

6.1.2. Trabalhos efectuados e discussão

a) Várias formas de estrutura DGS

Em [19], foi efectuado um estudo aprofundado sobre antenas de microfita rectangulares; são discutidas duas estruturas DGS diferentes com várias ranhuras, como uma ranhura quadrada e uma ranhura triangular (ver Fig. III.4) no plano de terra. Observa-se que os problemas encontrados quando se fazem ranhuras no patch radiante da antena também são resolvidos utilizando a técnica DGS.

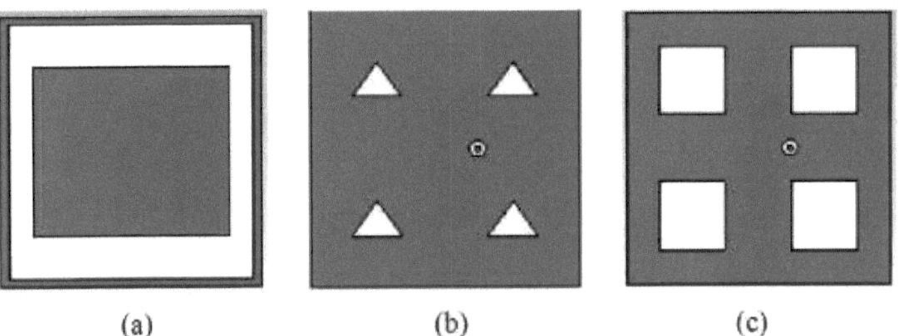

Figura III.4: (a) Vista frontal do adesivo.
Vista posterior da mancha com fenda: (b) triangular e; (c) quadrada.

As antenas têm um tamanho pequeno usando a estrutura DGS para aplicações multibanda; rede local sem fio (WLAN-5.8 GHz), i'interop6rabiiit£ mondiale pour l'acces hyperfrequences (WiMAX-5.8 GHz), monitoramento de aero porto (2.7-2.9 GHz), e satélite de transmissão direta (DBS) Europa (10.7-12.75 GHz) são prësentës neste trabalho.

Essas estruturas reduzem o campo de radiação cross-polarized (XP) sem afetar a impëdância de entrada do modo dominante e os padrões de radiação co-polarizedës da antena convencional. As antenas propostas mostraram boas caraterísticas de radiação em várias bandas de operação, tornando-as adaptëveis a opërações multibanda.

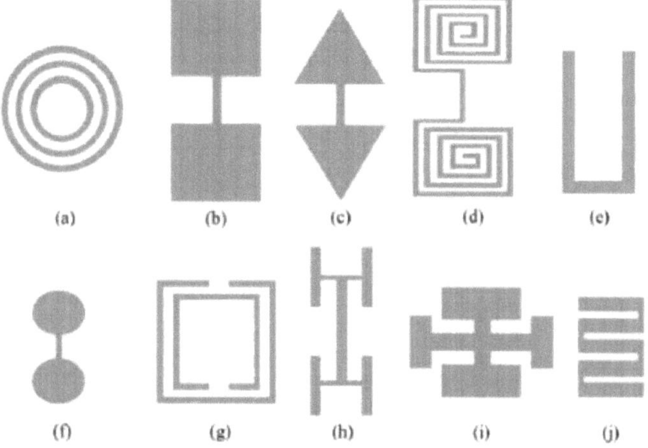

Figura III.5: Diferentes formas de estrutura DGS. [20]

A Figura III.5, mostra exemplos de estruturas DGS: (a) em forma de anel concêntrico, (b) haltere, (c) haltere de cabeça Пeelre, (d) em forma de espiral, (e) em forma de U, (f) cabeça circular, (g) Rësonadores de anel dividido, (h) haltere em forma de H, (i) forma de cruz, (j) linha de mëandre.

b) Miniaturização utilizando a técnica DGS

O conceito de estruturas (DGS) foi desenvolvido para melhorar as caraterísticas de muitos dispositivos de micro-ondas. Para o efeito, o DGS é também utilizado na antena de microfita para obter certas vantagens, como a redução do tamanho da antena, a redução do acoplamento mútuo em conjuntos de antenas, etc.

Em [20], a estrutura de defeito do plano de terra (GVD) foi utilizada para miniaturizar uma antena de microfita e deslocar a frequência de ressonância de um valor inicial de 10 GHz para um valor final de 3,5 GHz, sem qualquer alteração das dimensões da antena de microfita original.

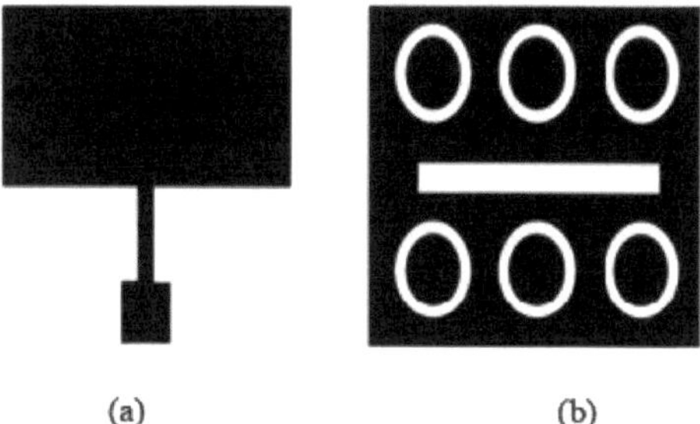

Figura III.6: A antena proposta: (a) elemento radiante, (b) estrutura DGS proposta.

A figura III.6 mostra a disposição da estrutura DGS, que está localizada no plano de terra metálico. É constituída por seis anéis com uma ranhura retangular; a frequência de ressonância pode ser deslocada variando as dimensões das diferentes formas dos anéis concêntricos ou as dimensões da ranhura retangular. São calculados parâmetros geométricos para separar a ranhura retangular do anel interior e exterior dos anéis.

Verifica-se que o padrão de radiação simulado para a antena proposta é bidirecional (Figura III.7) e o valor máximo de ganho obtido é de 2,26 dB na frequência de ressonância.

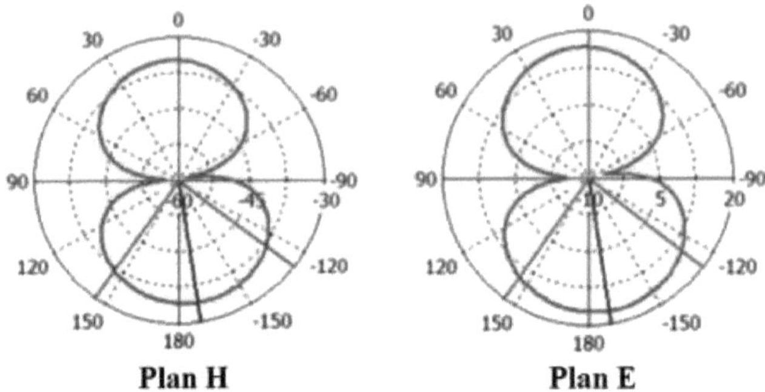

Figura III.7: Padrão de radiação 2D da antena de remendo a 3,5 GHz (plano E e plano H).

c) Melhorar a largura de banda e a eficiência

A antena microstrip patch (para MPA) é utilizada em grande escala devido à sua simplicidade física e baixo custo, mas uma desvantagem deste tipo de antena é a sua largura de banda estreita, que por vezes limita a sua utilização em várias aplicações.

[3]Como solução, foi realizada uma investigação mais aprofundada sobre a estrutura DGS em [21], onde foram propostos dois modelos de uma antena de microfita retangular de 30,2x32,8x1,6 mm; um dos modelos tem uma ranhura retangular na superfície do plano de terra, enquanto o outro tem três ranhuras em forma de polígono.

Os resultados da simulação mostram uma melhoria na largura de banda e na eficiência de radiação após a aplicação da estrutura DGS; a Tabela III.1 resume os parâmetros dos três designs de antena.

Tabela III.1: Parâmetros da antena com e sem DGS.

N°	Parâmetros	MSA simples	MSA com DGS retangular	MSA com DGS em forma de polígono
1	Largura de banda	87 MHz	165 MHz	174,8 MHz
2	Coeficiente de reflexão	-21 dB	-31 dB	-33 dB
3	Frequência de ressonância	3,5 GHz	3,51 GHz	3,7 GHz
4	Eficiência da antena	5 (3,33 GHz)	14,5 (3,44 GHz)	15,8 (3,26 GHz)

Estas duas antenas foram ëlë concebidas para funcionar na banda de frequência WiMax e podem, portanto, ser utilizadas em aplicações industriais, militares e celulares.

d) Estrutura fractal DGS

Uma nova técnica para o projeto de uma antena de microfita circularmente polarizada (CP) de alimentação simples é proposta em [22]. A radiação CP é obtida através do ajuste do tamanho da estrutura fractal DGS (FDGS) gravada no plano de terra.

As antenas de microfita CP com o segundo e o terceiro FDGS iterativo são apresentadas na Figura III.8.

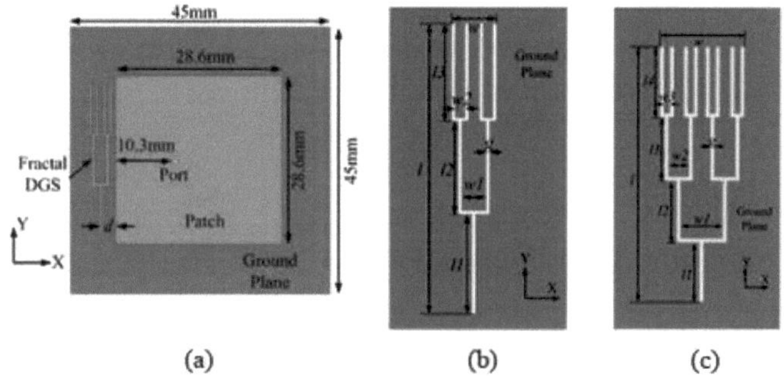

Figura III.8: Os gëomëtries da antena de microfita proposta, (a) L^riment radiante, (b) FDGS com um segundo iterativo e, (c) FDGS com um terceiro iterativo. [22]

A largura de banda da antena (para S11 medido a -10 dB) é de aproximadamente 30 MHz (de 1,558 a 1,588 GHz). Os ganhos são relativamente estáveis na banda de medição CP, com valores entre 1,7 e 2,2 dBi.

Em 1 artigo na referência [23], uma nova antena multibanda foi projetada e construída combinando uma forma fractal e uma estrutura de falha de plano de terra (GFS) para alcançar um desempenho superior às comunicações por satélite gëostationárias.

O DGS de forma fractal gravëe no plano de terra da antena tem ël ë obtido em ПёпиП três estruturas Apollonius aninhadas em círculos para poder sintonizar três bandas diferentes (Figura III.13).

Os círculos de Apolónio foram usados para desenhar uma forma fractal séria.

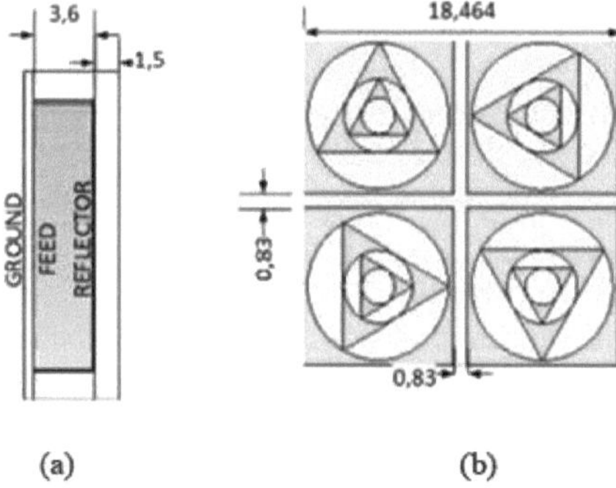

Figura III.13: Dimensões da antena de matriz 2*2 em mm; (a) vista lateralë e (b) vista frontal.

A corrida por antenas mais compactas e eficientes é ^vitaHe para várias aplicações, como as comunicações por satélite. [2]Os resultados dos testes da antena prësentëe provaram sua eficácia através de um ganho mais ëкуё e um tamanho menor (18,46 * 18,46 mm) em comparação com tentativas semelhantes no НкёгаШге.

A figura III.14 mostra fotografias do protótipo gravado.

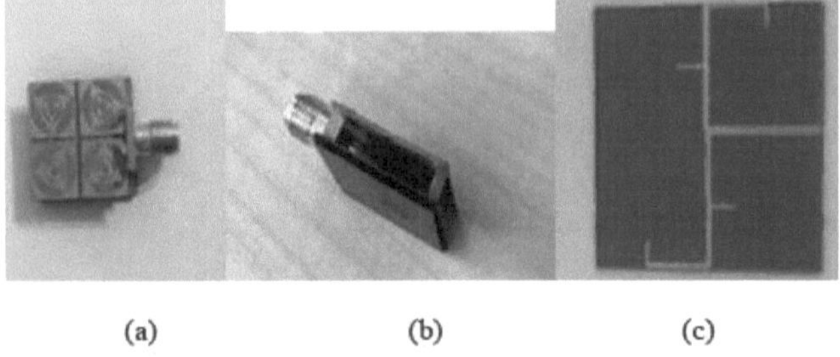

(a) (b) (c)

Figura III.14: (a) Planta baixa da antena de matriz 2*2; (b) vista c6të; e (c) vista frontal.

e) **Matriz de antena com DGS**

Um novo arranjo de antenas patch 4 x 4 quad (Figura III.9) operando na faixa de frequência de 28-38 GHz para redes móveis 5G é apresentado em [24]. Para melhorar as caraterísticas de radiação da rede, é utilizada uma estrutura de falha de plano de terra (GFD).

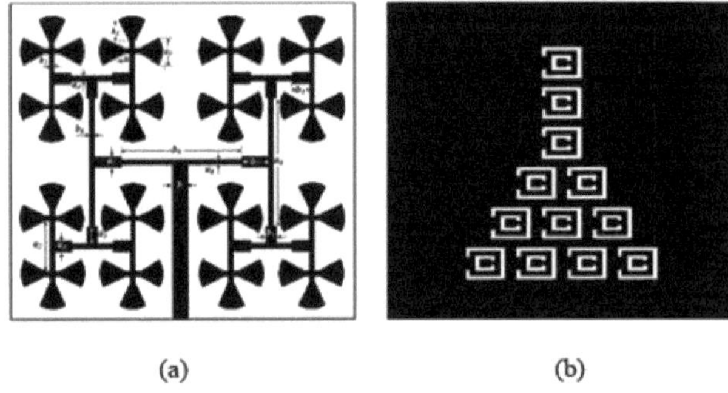

(a) (b)

Figura III.9: Conjunto de antenas Patch 4x4 (a) vista superior, (b) DGS (vista inferior). [24]

Os resultados mostram o efeito do DGS nas caraterísticas de desempenho da antena:

- A eficiência da radiação e o coeficiente de reflexão são melhorados, em média, em cerca de 17,14 e 69,2%, respetivamente.
- O ganho efetivo da antena foi aumentado em 2,44 dBi com um efeito negligenciável na largura do feixe a meia potência.

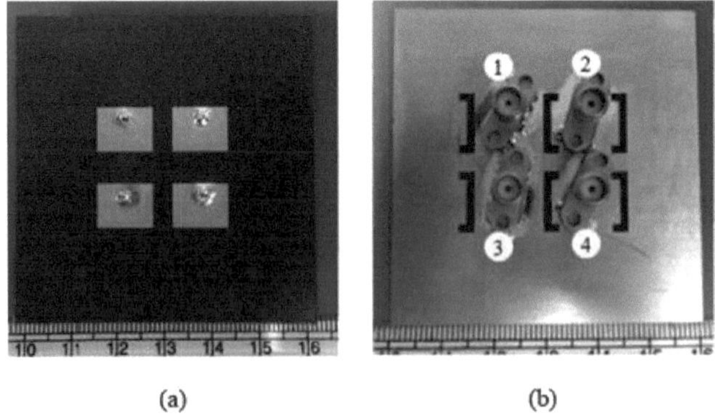

(a) (b)

Figura III.11: Fotos da matriz 2x2 com a estrutura DGS;
(a) do lado da mancha, (b) do lado da planta baixa. [25]

Um trabalho mais aprofundado da matriz de microfita integrada da estrutura DGS foi ëlë explorado e dëmontrë em [25], cujo principal objetivo é conseguir uma melhor pureza de polarização. Um DGS formado com a configuração variável foi projetado (Figura III. 11) para aplicações na banda X, apresentando uma melhoria de 12 dB no isolamento entre a radiação principal e a radiação polarizada transversalmente.

Esta melhoria, que foi verificada experimentalmente, permite reduzir o XP sem afetar os valores de radiação primária ou de ganho (o ganho de pico é de 12,2 dBi). A uniformidade considerável dos campos de substrato obtidos por DGS pode ser vista na Figura III.12.

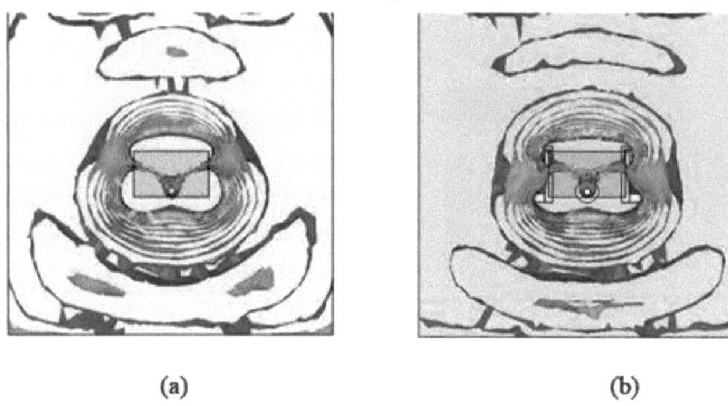

(a) (b)

Figura III.12: Campo elétrico do substrato simulado (a) sem DGS, (b) com DGS.

f) Estrutura e forma da DGS em meandre

No phased array do artigo [26], a abordagem de compartilhamento de radiadores foi implementada usando uma antena de superfície mëta, e o alcance de varredura a ël.ë amëliorëe pela aplicação de sulcos meandrantes cortados no plano de terra, formando estruturas DGS (Figura III.10).

A rede de nove elementos com DGS atinge uma largura de banda de impedância medida de 23% (4,6 ~ 5,8 GHz) e o ganho realizado varia de 14,76 a 11,85 dBi.

Com base nas boas directividades do elemento de antena proposto, o phased array apresenta ganhos elevados e feixes de varrimento estreitos. Por conseguinte, pode ser um candidato promissor para sistemas de radar de alta resolução.

Com base na análise teórica e na simulação experimental, é demonstrado que o conceito de utilização de antenas metamateriais periódicas com uma abordagem de partilha de radiadores permite a conceção de matrizes em fase de varrimento de grande ângulo.

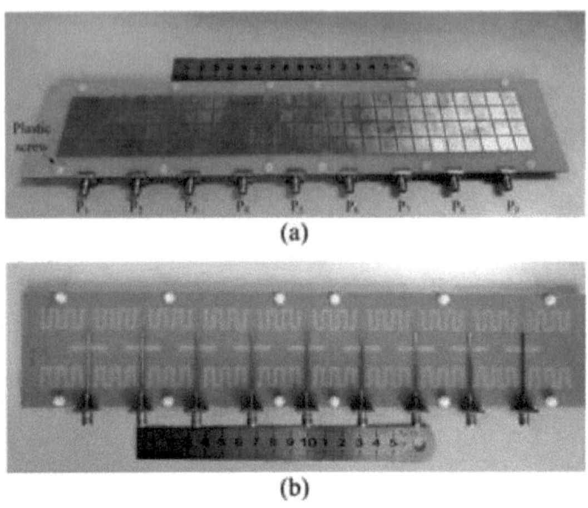

Figura III.10: Fotos da matriz de fase iabricada com DGS.
(a) Vista superior e (b) vista amarga. [26]

g) Estrutura DGS com antenas de ressonador dielétrico (DRA)

Um novo projeto de matriz DRA em árvore fractal de dois elementos para aplicações MIMO (multiple-output multiple-input) de banda larga é proposto em [27].

Propõe-se uma geometria de árvore fractal (Figura III.15) para obter caraterísticas de banda larga, enquanto uma estrutura DGS periódica em forma de C (PDGS) é utilizada para reduzir o acoplamento mútuo entre dois elementos de antena estreitamente espaçados sem afetar indevidamente a largura de banda da rede DRA.

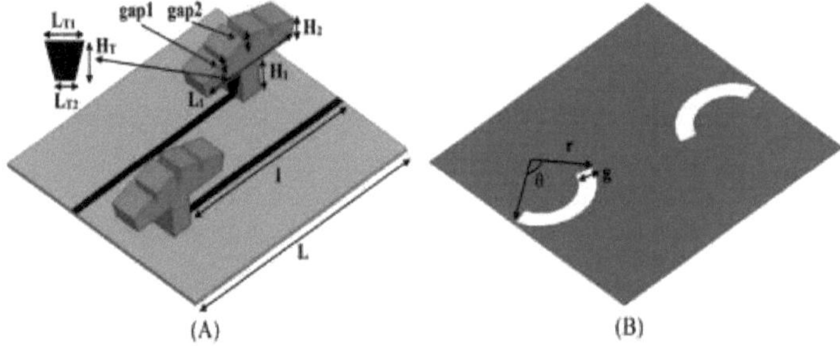

Figura III.15: A Gëomëtrie do desenho DRA tem dois ëlëments de árvore fractal:
(A) vista frontal, e (B) vista traseira.

A Figura III.16 mostra as distribuições de corrente de superfície no plano de terra da antena antes e depois da inserção da ranhura (PDGS).

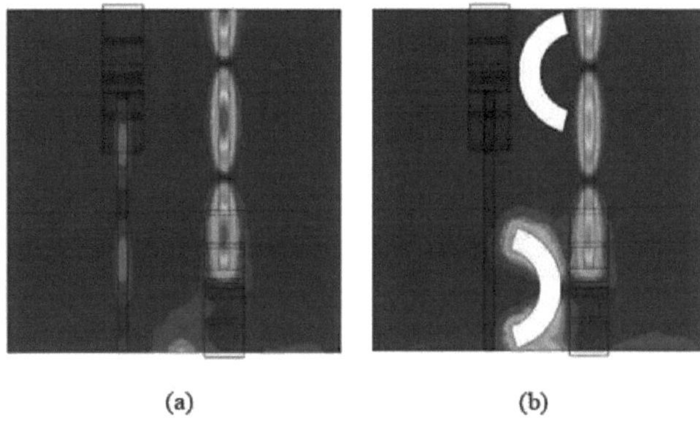

(a) (b)

Figura III.16: Distribuição de corrente de superfície no plano de terra ; (a) da antena (sem PDGS) e ; (b) de um arranjo DRA em forma de árvore com PDGS (proposição de projeto).

São tiradas as seguintes conclusões:

- A largura de banda pode ser melhorada por entalhes fractais quando estes são introduzidos nas posições corretas.
- A estrutura DGS përiódica em forma de C ajuda a reduzir o acoplamento mútuo para menos de 21,5 dB em toda a banda de intërët.
- Uma largura de banda de impedância medida de aproximadamente 89,9% de 3,95 a 10,4 GHz foi alcançada. Além disso, o desempenho do acoplamento mútuo medido foi inferior a 21,5 dB em toda a banda de interferência.
- Foi obtido um padrão de radiação semelhante em toda a banda de interesse, com uma eficiência de radiação de cerca de 98%.
- Em termos de caraterísticas de banda larga e de desempenho do acoplamento mútuo, a antena proposta pode ser uma boa opção para aplicações MIMO.

h) Estrutura DGS e antenas reconfiguráveis

Na referência [28], é proposta e ëtudiëe uma antena semi-transparente reconfigurável em frequência. Esta antena é implementada em vidro como substrato, AgHT-4 como elemento radiativo e cobre como plano de terra para obter uma caraterística semi-transparente. Um par de diodos PIN são usados como interruptores de micro-ondas com um circuito de polarização DC.

Esta antena proposta é alimentada por um dispositivo CPW e introduz uma estrutura DGS em forma de E no plano de terra (Figura III. 17) para modificação do comprimento elétrico. A antena tem uma largura de banda de -10 dB de 3 a 6 GHz quando os díodos PIN estão ligados, e reconfiguração para um modo central de banda estreita a 4,75 GHz quando os díodos PIN estão desligados.

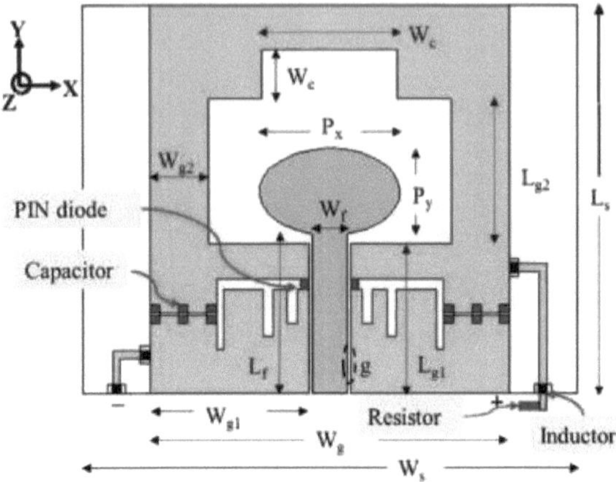

Figura III.17: Geometria e circuito de polarização DC da antena proposta.

Os resultados da avaliação mostraram uma boa concordância entre as simulações e as medições, com padrões quase omnidireccionais no plano xz e radiação bidirecional no plano yz.

Em [29] é apresentada uma nova estrutura de antena que inclui uma estrutura DGS com uma mancha radiante em forma de gancho, concebida para uma largura de banda alargada. Uma pequena ranhura retangular é removida do plano de terra logo abaixo do patch radiante para uma melhor correspondência de impedância. O plano de terra é obtido através da gravação de 3 ranhuras rectas simétricas para miniaturizar a antena (Figura III.18).

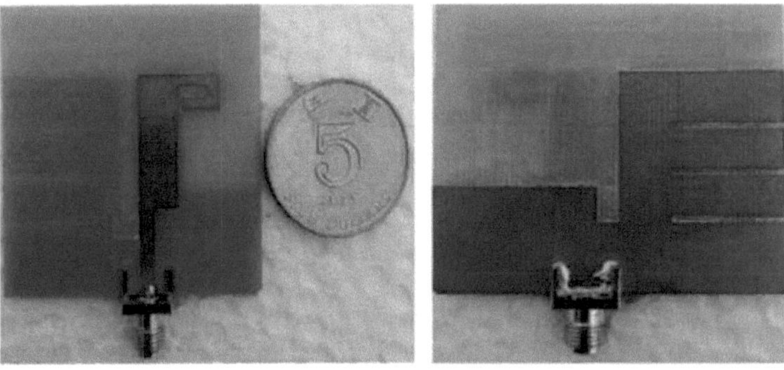

Vista superiorVista inferior

Figura III.18: Parte superior e inferior da antena fabricada. [29]

Os resultados obtidos mostram que a antena pode produzir uma largura de banda de cerca de 27,60% centrada numa frequência de 2,17 GHz. O ganho máximo medido é de 4,30 dBic, enquanto mais de 90% da eficiência de radiação é alcançada em toda a largura de banda de radiação CP.

6.2. Técnica n°2: Carregamento com materiais de permissividade muito elevada

6.2.1. Descrição da técnica

Os materiais de elevada permissividade permitem uma boa miniaturização dos componentes de micro-ondas, mas a antena que utiliza estes materiais tem a desvantagem de uma largura de banda reduzida.

Pode ser utilizado um dielétrico de elevada permissividade:

- carregando-o no substrato, para construir uma antena de ressonador dielétrico (DRA) com elevada permissividade.
- ou como substrato para obter um ressonador muito pequeno.

Estes dois tipos são úteis para fabricar uma antena compacta para um sistema de comunicação sem fios aplicável, reduzindo a necessidade de grande espaço, bem como o custo de produção.

6.2.2. Trabalhos efectuados e discussão

a) Antena de ressonador dielétrico (DRA)

A utilização generalizada de sistemas de comunicação sem fios levou os investigadores a desenvolver pequenas antenas de ressonador dielétrico (DRA), cujo objetivo é não ter perdas de condução e ter um acoplamento eficaz com quase todas as linhas de transmissão [30]. O tamanho físico de uma DRA é proporcional a l/^/s^, onde m é a permissividade relativa do ressonador dielétrico (DR). À medida que a permissividade relativa aumenta, há uma tendência natural para reduzir o tamanho do DRA. No entanto, um DRA de elevada permissividade oferece uma largura de banda estreita que limita as suas aplicações práticas imediatas. Por conseguinte, o desenvolvimento de um DRA de baixo perfil com uma largura de banda melhorada é essencial neste contexto.

Já foram comunicados vários DRAs de baixo perfil adequados para comunicações por micro-ondas:

O artigo [31] trata da incorporação de um ressonador dielétrico cilíndrico de alta permissividade (CDR) numa antena circular de microfita com linhas planas de microfita como linha de alimentação. O RDC utilizado tem uma permissividade relativa de 50, com um raio de 6,75 mm e uma altura de 6,7 mm. A antena de microfita é colocada em um substrato dielétrico ëpoxy (FR4) com uma permissividade relativa de 4,2 e uma espessura de 1,6 mm (Figura III.19).

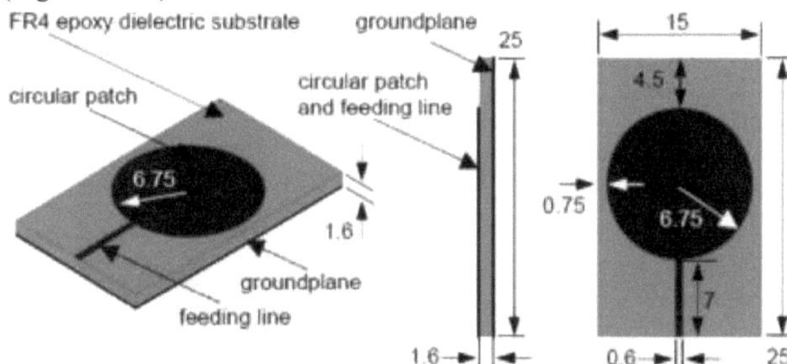

Figura Ш.19: A antena de microfita sem RDC (unhe em mm).

O RDC é incorporado na antena de microfita dobrando-o тaшëre concentricamente no patch circular da antena de microfita, como é mostrado na Figura III.20.

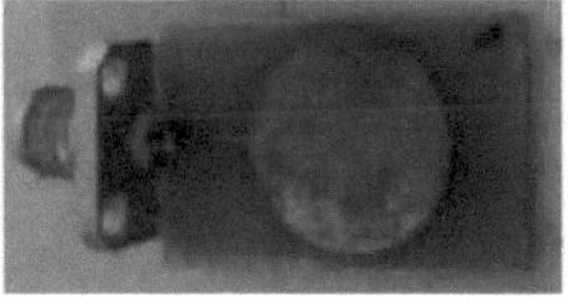

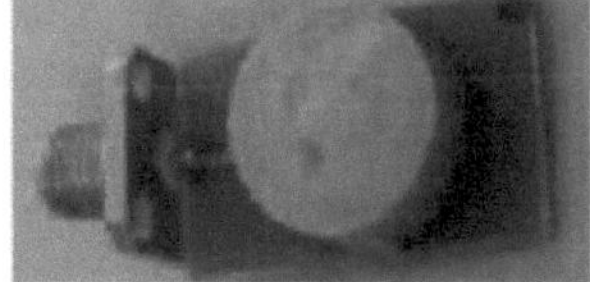

Figura III.20: Protótipo da antena de microfita rëa^ëe sem e com CDR.

As propriedades da antena de microfita com RDC também foram comparadas com as da antena sem RDC. A medição experimental mostra que a frequência de ressonância da antena com ressonador diëlectrico circular de alta permissividade é cerca de 1 GHz mais baixa do que a da antena de microfita sem RDC e passa de 5,94 GHz para 5,04 GHz (Figura III.21). A incorporação de um ressonador diëlectrico cilíndrico de alta permissividade^ (RDC) na antena de microfita pode diminuir a frequência de ressonância da antena sem aumentar o seu tamanho.

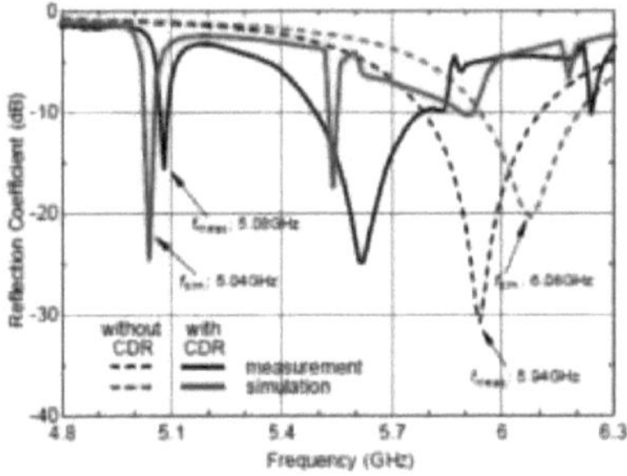

Figura III.21: Coeficientes de reflexão simulados e medidos para as duas antenas.

Embora tenha havido algumas discrepâncias em termos de frequência de ressonância e largura de banda, em geral as duas antenas mostraram uma boa concordância no seu desempenho.

Uma antena ressonadora dieléctrica de permissividade muito elevada foi proposta em [32]. A antena é projetada com base em uma estrutura multicamadas. Dois ressonadores dielétricos de alta permissividade separados (ra 2,2 e aэ=93) são colocados simetricamente acima da estrutura da antena. Um substrato dielétrico de baixa permissividade (ra 4,4) é inserido entre os ressonadores e o plano de terra. A altura total da antena é de 1,57 mm (Figura III.22).

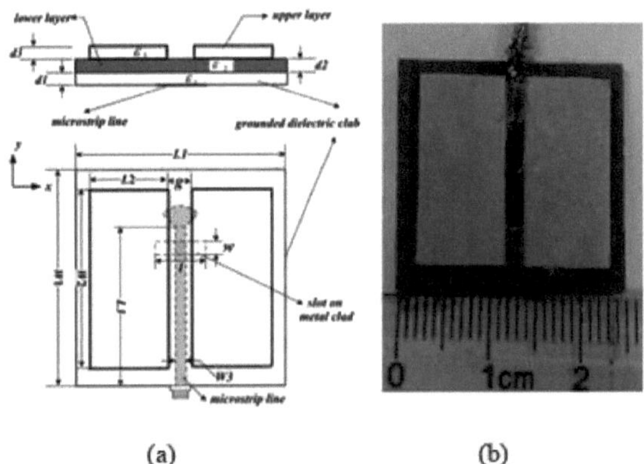

(a) (b)

Figura III.22: (a) Geometria; e (b) Foto da antena proposta.

O parâmetro S11 simulado e medido em função da frequência é apresentado na Figura III.23.

A antena proposta é testada a 7,5 GHz. A partir dos resultados simulados, verifica-se que a largura de banda relativa da impedância é de 9,67% (7,18-7,91 GHz), em que S_{11} é inferior a -10 dB. A largura de banda relativa medida pode atingir um tau de 10,49% (7,13-7,92 GHz). A ligeira diferença entre os resultados simulados e medidos pode dever-se a erros de medição e tolerância de fabrico.

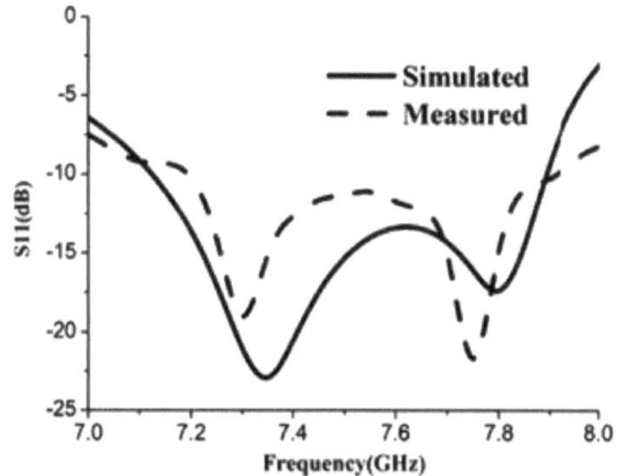

Figura III.23: S11 simulado e medido em função da frequência.

Os resultados medidos também indicam que foram alcançados padrões de radiação estáveis em toda a banda de funcionamento. Ao mesmo tempo, foram obtidos ganhos superiores a 6 dBi e um baixo nível de polarização cruzada de -25 dB na banda de funcionamento.

Na rëfërence [33], um ëtude que propõe uma nova antena diëlectrical resonator (DRA) carregada com cëramique retangular do material BST (Bao.8Sro$_{.2TiO_3}$).

A antena é composta por dois ressonadores dieléctricos empilhados; o primeiro ressonador é feito de material dielétrico TMM10i com uma permissividade de mi 9,8 e uma altura de D_i. A parte superior é feita de uma película espessa de cerâmica BST (material Bao.8Sro$_{.2TiO_3}$) com uma espessura de D_2 e uma permissividade muito elevada no espetro de micro-ondas ($\varepsilon_{r2}=250$), com: $D_i+D_2=3$,5 mm.

Toda a estrutura é montada num substrato TMM6 com uma dibeletricidade constante de a $_{rs=6}$ e uma espessura h=0,762 mm.

O plano de terra é impresso na superfície inferior do substrato dielétrico. Os elementos excitados são excitados através de uma linha de transmissão de microfita.

A figura III.24 mostra a configuração da estrutura proposta.

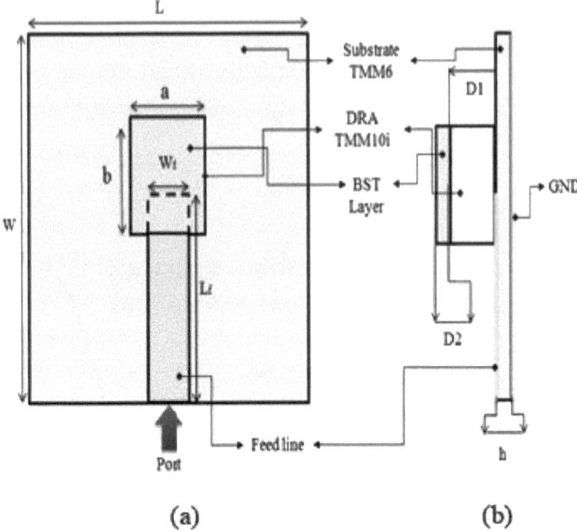

Figure 23: 24: Desenho da antena; (a) Vista superior (b) Vista lateral.

Os coeficientes de reflexão da antena antes e depois do carregamento do material BST são apresentados na Figura III.25. A partir destas curvas, pode ver-se que a integração da camada de BST leva a uma mudança na frequência de ressonância de 10,7 GHz para 8 GHz (adequada para aplicações de radar), resultando numa redução do tamanho da antena do ressonador de cerca de 67% em comparação com um DRA normal para a mesma frequência de ressonância.

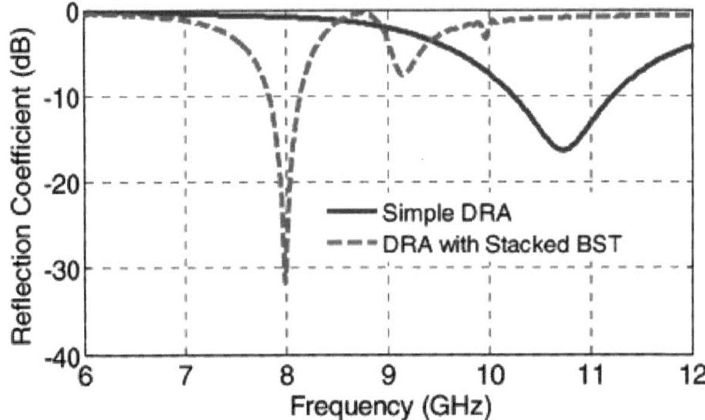

Figure 24: 25: Coeficiente de reflectância da antena com e sem carga da camada BST.

A alta permissividade do matëriau permite que a frequência de ressonância da antena seja deslocada de 10,77 GHz para 8 GHz. Além disso, a antena miniaturizada proporciona um ganho elevado (6,5 dB) em comparação com a DRA simples (4,3 dB).

O artigo [34] descreve uma tecnologia de matriz de antena miniaturizada com matëriau cerâmico de alta permissividade. Foi demonstrada experimentalmente a miniaturização de antenas planas de circuito impresso através do carregamento do matëriau cerâmico de titanato de bismuto (BiT) de elevada permissividade (ar=15) na antena de microfita. Ambas as antenas (Figura III.26) foram projetadas usando um substrato de micro-ondas RT/Duroid 5880 com uma permissividade de 2,2 da Rogers Corporation.

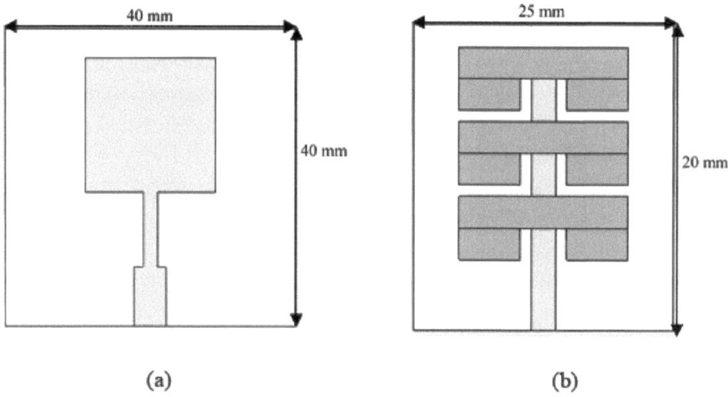

Figura III.26: Projeto de antena; (a) antena de microfita convencional (b) antena de matriz BiT.

O uso de matëriau cerâmico com alta permissividade permite uma redução drástica no tamanho. O resultado do coeficiente de reflexão s_{11} mostrado na Figura III.27 indica uma ressonância de cerca de 2,4 GHz.

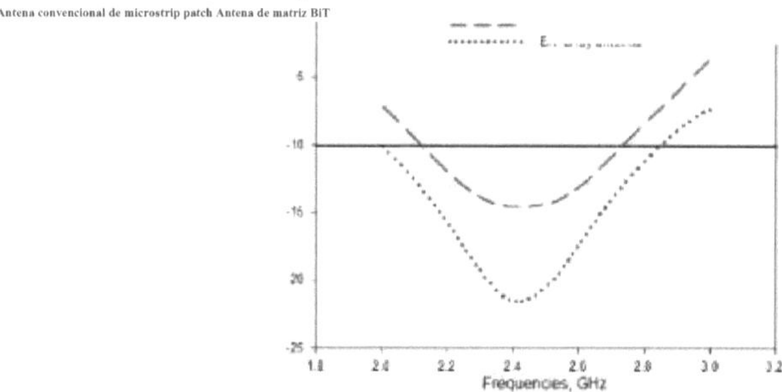

Figura III.27: S11 da antena de microfita convencional e da antena de matriz BiT.

Os efeitos do carregamento de material cerâmico no ganho, na largura de banda, na directividade e na eficiência de radiação, em comparação com a antena de microfita convencional, estão resumidos na Tabela III.2.

Tabela III.2: Desempenho e dimensão física das duas antenas.

N°	parâmetros	Antena de microfita convencional	Antena de rede BiT
1	[3]Dimensões (mm)	40 x 40 x 1,6	25 x 20 x 1,6 cm
2	Ganho (dBi)	3.1	7.1
3	Directividade (dBi)	4.3	7.5
4	Eficiência de radiação (%)	72.1	94.7
5	Largura de banda (%)	24.2	35.4

A elevada eficiência de radiação da antena de rede BiT deve-se a uma menor perda de condução em comparação com a antena de microfita convencional com mais de 90% de base metálica. A miniaturização da antena conseguida através da utilização de um material cerâmico de alta permissividade é comprovada e a antena miniaturizada pode então ser

integrada num router sem fios e num modem sem fios.
O artigo na referência [35] descreve a miniaturização da antena planar F invertida (PIFA) através do carregamento dielétrico de cerâmicas de tetra-titanato de bário de permissividade muito elevada a 1,8 GHz. Ele demonstrou que o método de carregamento simples pode reduzir o tamanho da antena, mas à custa do desempenho da antena. Por exemplo, o ganho da antena torna-se mais baixo.
Em seguida, é desenvolvida uma abordagem de carregamento sofisticada baseada numa nova estrutura de substrato-superstrato para melhorar o ganho da antena.
[2]A antena é alimentada por uma sonda coaxial padrão de 50 Q e consiste num elemento radiante que tem uma área de superfície de 15,4x8,8 mm , impresso num substrato cerâmico de Sri=38,80. ,³O superstrato cerâmico cë de :, 2 80 com um tamanho 49.5x49.5x4.69 mm está placë acima do elemento radiante. A placa de curto-circuito de 2,2 mm de largura é utilizadaëe para aterrar o elemento radiante e está localizada na borda do substrato cerâmico de modo a facilitar o processo de fabrico (Figura III.28).

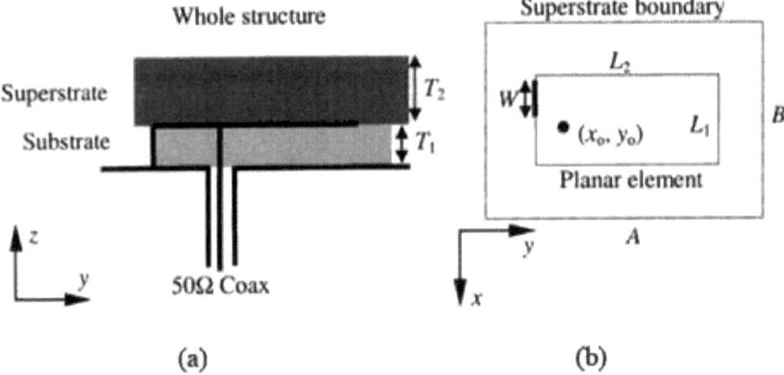

Figura III.28: Geometria do PIFA com carga dieléctrica; (a) Vista lateral, (b) Vista superior.

A sofisticada abordagem de carregamento baseadaëe na nova estrutura substrato-superstrato tem ëlë dëveloppëe para dar à antena de 1,8 GHz um desempenho amëliorëe com ganho de até 7 dBi e largura de banda de 103 MHz (5,7%), comparável aos das PIFAs convencionais. Esta sofisticada técnica de carregamento pode reduzir o tamanho da antena e manter o mesmo desempenho.

b) Substratos de elevada permissividade

O estado da arte da tecnologia das antenas de microfita levou à miniaturização destes dispositivos. O desenvolvimento de novos substratos de elevada permissividade permitiu uma redução considerável das dimensões físicas das antenas de microfita.
Consequentemente, o dësenvolvimento de vários tipos de substratos diëlectricos, tais como substratos cëramique tem ëlë ^ necessário nos últimos dëcennies para aplicação em muitos dispositivos de micro-ondas e circuitos de comunicações.
Ultimamente, uma vasta gama de novas aplicações tem ëlë observado com o dëenvolvimento das cëramicas devido às suas ëtës propriedades ëlectrónicas e diëlectricas, bem como o seu índice de refração ëкyë e estabilidade química. O artigo [36] propõe a utilização de dióxido de titânio cëramico (a constante diëlectrica é ëlevëe ~ 100) como substrato diëlectrico de uma antena microstrip, com um fractal дëотë^, para aplicações em comunicações sem fios. As vantagens da utilização de geometrias fractais em projectos de antenas incluem a miniaturização e proporcionam frequências ressonantes multibanda.

A figura III.29 (a) mostra uma cerâmica de dióxido de titânio com um diâmetro de 24 mm e uma altura de 2 mm obtida após o processo de esterilização.

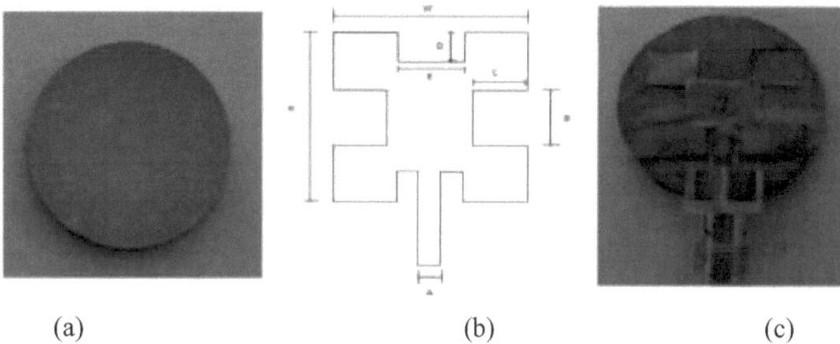

(a) (b) (c)

Figura III.29: (a) Substrato cerâmico de dióxido de titânio, (b) Antena fractal microstrip gëomëtrie, (c) Foto da antena fractal gëomëtrie proposta.
fractal microstrip, (c) Foto da antena fractal proposta gëomëtrie.

O resultado da medição do parâmetro s_{11} entre as frequências de 2 GHz e 8 GHz (Figura III.30) mostra que as antenas de microfita fractal com camadas de cerâmica dieléctrica são excelentes candidatas para a utilização de pequenos dispositivos em aplicações sem fios.

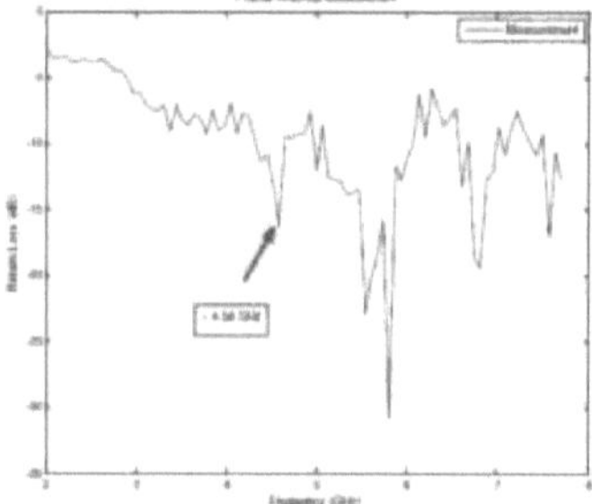

Figura III.30: Parâmetro s_{11} em função da frequência.

No artigo [37], foi analisado o coeficiente de reflexão da antena monopolar alimentada por uma guia de onda coplanar, como mostra a Figura III.31(a), em função da constante dieléctrica relativa num substrato FR4.

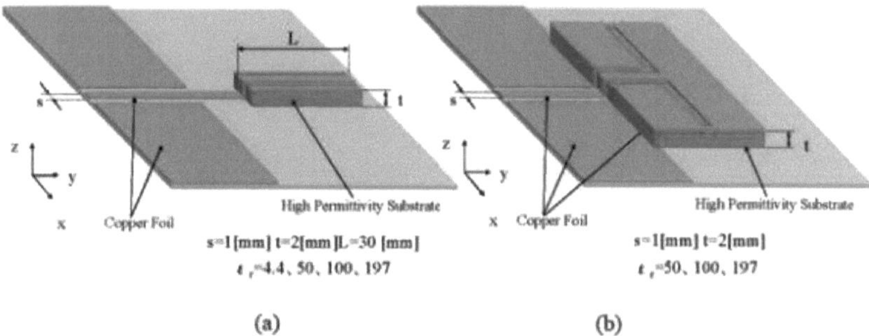

Figura III.31: (a) Antena monopolo impressa, (b) Antena slot impressa gravada num substrato dièlectrico com permissividade ëlevëe.
substrato dielétrico com permissividade ëlevëe

A Figura III.32 mostra um exemplo do coeficiente de reflexão calculado em função da frequência, alterando as constantes dieléctricas relativas de 4,4 para 197. A partir das curvas nesta figura, quanto maior a constante dielétrica relativa, menor a frequência de ressonância, embora a largura de banda se torne estreita para uso em alta permissividade.

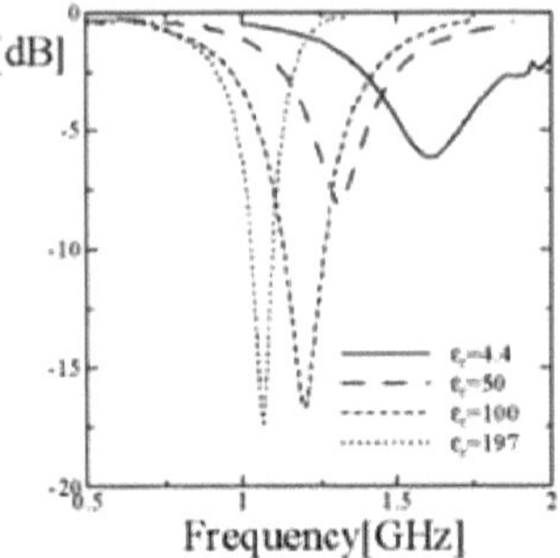

Figura III.32: Coeficiente de reflexão calculado da antena monopolar em função da frequência.

Com base na configuração apresentada na Figura III.31(b), foram fabricados dois tipos de antena com uma configuração em espiral de duas ranhuras e de quatro ranhuras, para reduzir as suas dimensões, como se mostra na Figura III.33.

[2]Estas antenas de fenda em espiral foram gravadas num substrato de alta permissividade, com uma constante dieléctrica relativa de 197 e um comprimento de 10 mm de cada lado com uma espessura de 2 mm. A largura da fenda e o espaço entre as fendas foram fixados em 0,2 mm cada.

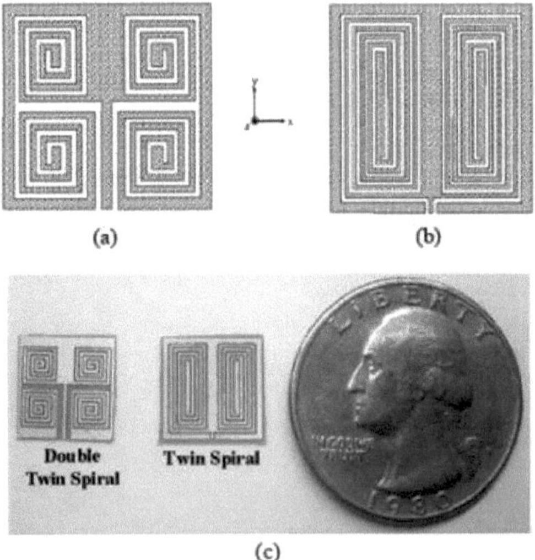

Figura III.33: Vista plana de antenas espirais: (a) tem quatro ranhuras, e (b) tem duas ranhuras.

(c) Foto das duas antenas espirais.

Inicialmente, a antena espiral de quatro ranhuras, como mostrado na Figura III.33(a), foi

ël.ëe testada. O seu coeficiente de reflexão medido é mostrado na Figura III.34(a). Para comparação, a frequência de ressonância para um substrato de alta permissividade tornou-se mais baixa em 640 MHz do que a de um substrato de baixa permissividade, medida em 2000 MHz. Obteve-se um ganho de antena razoável de -5 dBi.
O mesmo se aplica à antena espiral de dupla ranhura.

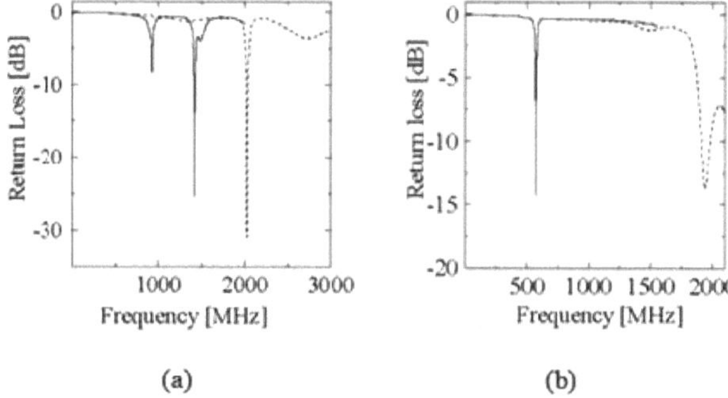

Figura III.34: Coeficientes de reflexão medidos de antenas espirais: (a) com quatro ranhuras, e (b) com duas ranhuras. As constantes diëtricas relativas são 2,6 (curva tracejada) e 197 (curva sólida).

6.3. Técnica 3: Integração de elementos localizados

6.3.1. Descrição da técnica

A integração de componentes activos (díodo, transístor) ou passivos (resistência, condensador, indutância) entre as pistas condutoras (plano de terra ou patch) permite miniaturizar as antenas de microunânio.
Os díodos PIN são geralmente mais utilizados do que os transístores como dispositivos de comutação para sistemas de comunicação de RF e micro-ondas, porque têm uma série de propriedades decisivas: bom isolamento, baixo consumo de energia, baixa perda de inserção e baixo custo [38].
A utilização de componentes ^sistivos em antenas aumenta as perdas óhmicas, dëgrade a eficiência de radiação da antena e altera o padrão de radiação.
Um valor de resistência baixo (alguns ohms) é equivalente a um curto-circuito (a técnica de curto-circuito será abordada neste capítulo na secção 6.4).
A utilização de componentes capacitivos ou indutivos perturba a distribuição do campo da estrutura e aumenta o comprimento elétrico da antena, permitindo a sua miniaturização.

6.3.2. Trabalhos efectuados e discussão

a) Díodo PIN (comutação)

Um método para obter uma resposta multibanda consiste em incorporar a geometria fractal no remendo de microfita. A utilização da iteração fractal na antena de retalho aumenta a largura de banda.
Uma antena reconfigurável compacta [38] com um design fractal usando díodos PIN é proposta para aplicações sem fios. A largura de banda de frequência simulada da antena abrange 3,58 GHz-8,72 GHz.
A Figura III.35 mostra o desenho da primeira, segunda e terceira iterações da antena fractal reconfigurável controlada por seis díodos PIN integrados na estrutura com uma linha de alimentação microstrip de 50 Q. Nesta técnica, é utilizado um fator de iteração de 0,5.

ere emeemeemeOs díodos PIN são ligados à posição de ligação dos ramos, as ligações entre a 1 iteração e a 2 iteração são estabelecidas pelos díodos D1 e D2, enquanto a ligação entre a 2 iteração e a 3 iteração é estabelecida pelos díodos D3, D4, D5 e D6 (Figura III.35).

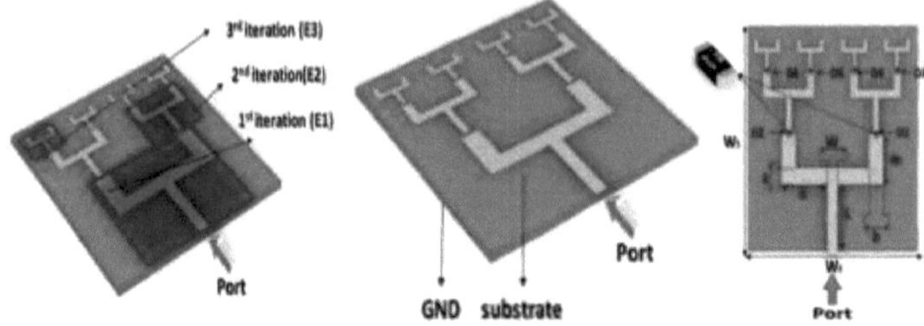

Figura III.35: Gëomëtrie e iterações da antena fractal reconfigurável proposta. [38]

A figura III. 36 mostra o coeficiente de reflexão em função da frequência, desligando e ligando os vários interruptores (díodos).

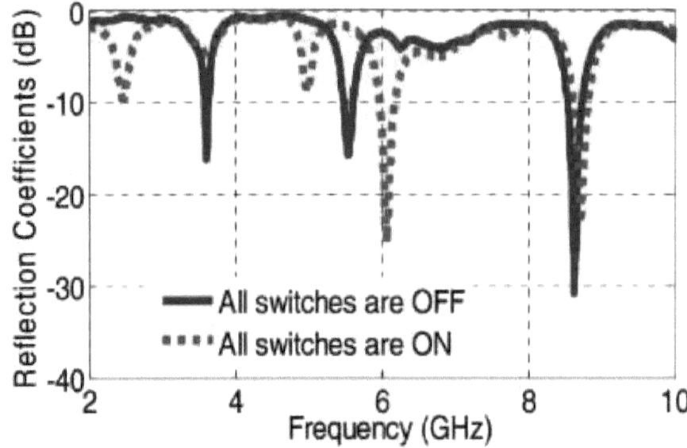

Figura III.36: Parâmetro S_{11} da antena proposta, simulado em função da frequência.

Quando todos os díodos estão no estado OFF, podemos ver que a antena funciona em três bandas: 3,62 GHz, 5,55 GHz e 8,63 GHz, mas depois de colocar todos os díodos no estado ON, podemos ver que a antena funciona em 2,47 GHz, 6,07 GHz e 8,72 GHz e cobre determinadas bandas de serviço, tais como WiMAX (2,400 a 2,483) GHz, m-WiMAX (3,4 a 3,6), WLAN (5,15 GHz a 5,825 GHz), banda C (4 GHz a 8 GHz) e banda X (8 GHz a 12 GHz), que pode ser usada para aplicações de satélite e radar e é adequada para defesa e comunicação segura.

[2]Na referência [39], é apresentada uma nova antena de microfita de ranhura quadrada reconfigurável em frequência com uma área total de 20 x 20 mm. A implementação de díodos PIN na estrutura da antena permite obter respostas de frequência comutáveis, como as bandas Bluetooth, WiMAX e WLAN. A fim de cobrir frequências mais baixas, foram utilizadas técnicas de miniaturização como a modificação do plano de terra (GMP) e a inserção de uma manga em forma de cruz para aplicações Bluetooth.

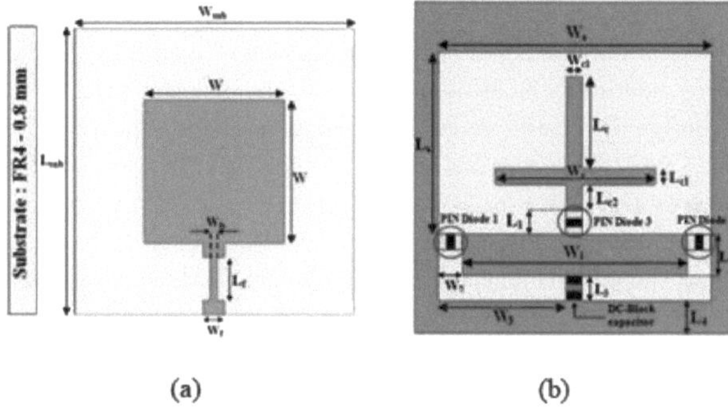

Figura III.37: Gëomëtrie da antena proposta: (a) vista superior, (b) vista inferior.

Além disso, o protótipo da antena projetada possui ëlë iabrique (a Figura III.38 mostra a foto da antena rëalisëe). Foram utilizados como interruptores os díodos PIN BAR64-3W, que têm baixa capacitância de polarização inversa (tipicamente 0,17 pF a frequências superiores a 1 GHz) e baixa resistência de avanço (tipicamente 2,1 Q a 10 mA).

Como se pode ver nas Figuras III.37 e III.38, é utilizado um condensador de bloqueio DC no circuito de polarização dos díodos PIN para evitar curto-circuitos. A alimentação DC é aplicada aos díodos PIN por meio de fios. Estes fios podem afetar o desempenho da antena, especialmente o padrão de radiação.

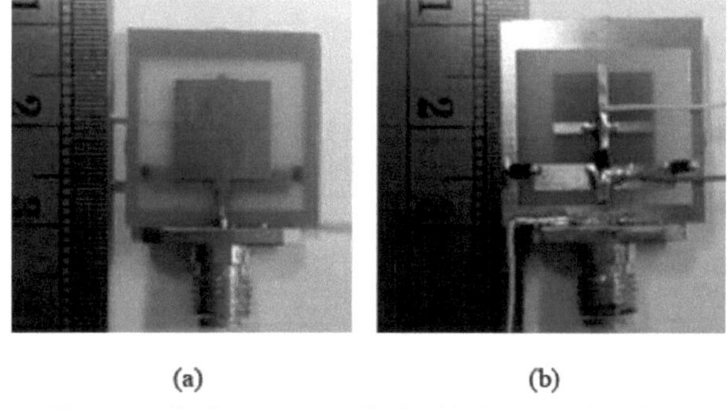

Figura III.38: Fotografia da antena concluída: (a) vista superior, (b) vista inferior

A caraterística do coeficiente de reflexão em frequência simulada da antena reconfigurável proposta para diferentes condições de polarização do díodo PIN é representada e comparada na Figura III.39.

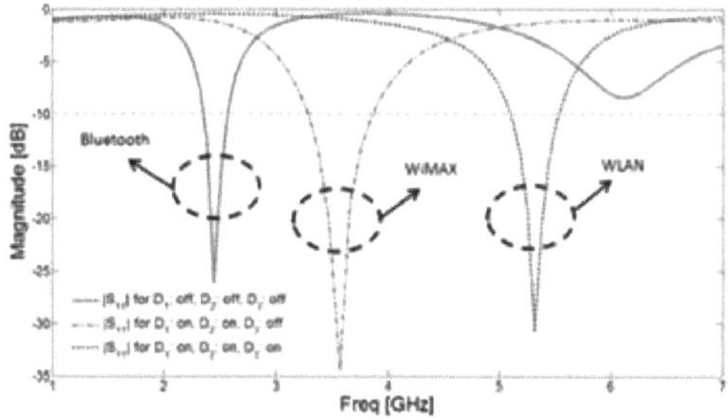

Figura III.39: As respostas em frequência da antena reconfigurável proposta para três combinações diferentes de condições de polarização para os díodos PIN implementados.

A inserção de três díodos PIN na estrutura proposta, como se mostra na Figura III.37, cria uma antena reconfigurável capaz de cobrir sistemas Bluetooth (2,4 GHz), WiMAX (3,5 GHz) e WLAN (5,5 GHz) com um rácio de 8,7%, 11,2% e 11%, respetivamente.

b) Díodo varicap (Varactor)

Uma antena compacta de microfita reconfigurável em frequência é apresentada em [40]. A miniaturização do tamanho da antena é conseguida através de uma carga de ranhura em anel, enquanto a reconfigurabilidade em frequência é conseguida através da utilização de um díodo varactor através da ranhura no plano de terra. A conceção ágil em termos de frequência pode ser utilizada para cobrir várias bandas de frequência bem conhecidas e proporciona uma reconfigurabilidade de frequência suave entre 2 GHz e 2,3 GHz.

A geometria da antena APM reconfigurável e miniaturizada é mostrada na Figura III.40. [2]A antena foi concebida num substrato FR4 Ur 4) com uma espessura de 0,8 mm e uma dimensão de 50*50 mm .

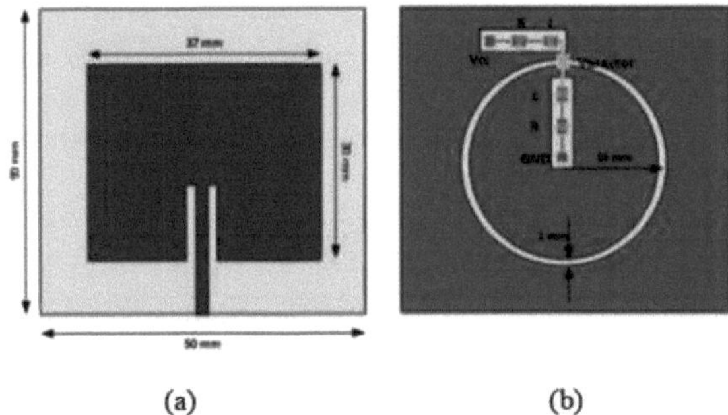

(a) (b)

Figura III.40: Geometria do APM reconfigurável e miniaturizado, (a) face superior, (b) face inferior

Uma fenda anular tem ël.ë gravëe no plano de terra para miniaturização. A fenda tem um raio de 15 mm e uma largura de 1 mm. Este carregamento da ranhura resultou numa diminuição da frequência de ressonância do APM de 2,5 GHz para 1,75 GHz.

Para adicionar a função de reconfigurabilidade, foi fixado um díodo varactor (BB145) no plano de terra através da ranhura com o circuito de polarização DC. Isto proporcionou uma carga capacitiva à antena.

A variação da capacitância do díodo varactor provoca uma alteração da frequência de funcionamento da antena. Para este efeito, foram criadas duas ranhuras rectangulares adicionais no plano de terra para acomodar os componentes localizados do circuito de polarização.

A Figura III.40(b) mostra o díodo varactor com o circuito de polarização no plano de terra do APM. Os indutores atuaram como bobinas de RF enquanto os resistores ël.ëes usedëes para limitar a corrente no circuito.

O diodo varactor tem ëlë modëlisëe como um ëlëment capacitivo cujo valor tem ël.ë variëe. Após uma análise minuciosa da antena, esta ëlë fibrilada. A figura III.41 mostra o côtë superior e interior da antena fabricada.

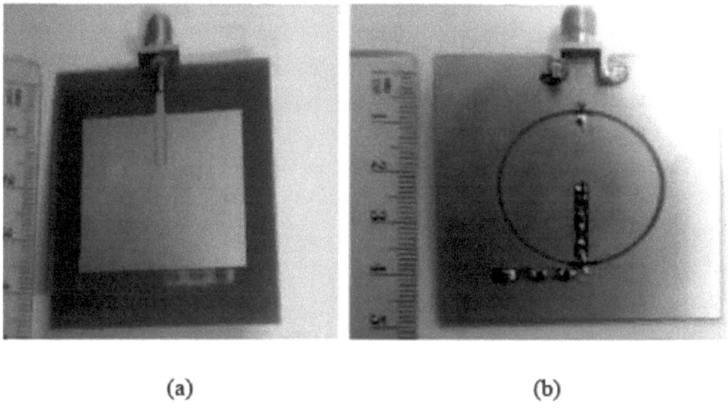

(a) (b)

Figura III.41: O APM reconfigurável e miniaturizado, (a) superfície superior, (b) superfície inferior

A Figura III.42 mostra os coeficientes de reflexão medidos da antena obtidos variando a tensão DC através do díodo varactor utilizando o circuito de polarização.

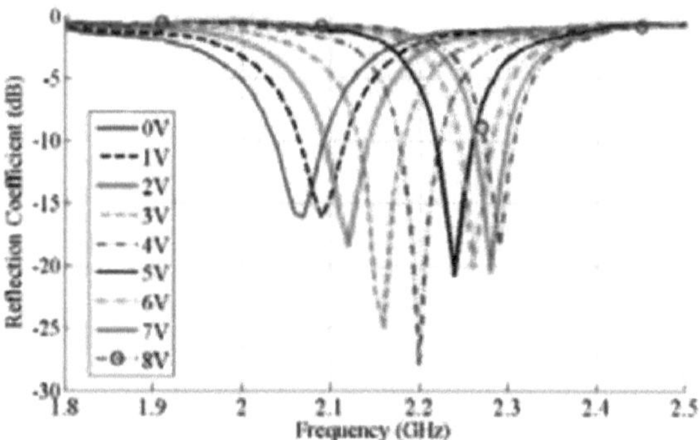

Figura III.42: Parâmetros S11 medidos da antena proposta com tensão DC variável através do díodo varactor.

Quando não há tensão ëlë aplicada através do díodo varactor:

- A sua impedância reactiva é de 10 pF e ;
- A antena tinha uma frequência de ressonância de 2,06 GHz e ;
- A sua largura de banda é de 50 MHz.

Quando a tensão CC é aplicada através do díodo varactor:

- A sua impedância reactiva a diminui e desce abaixo de 1 pF (a 7V) e ;
- A frequência de ressonância é deslocada para o lado mais alto e ;
- A sua largura de banda mínima continua a ser de 50 MHz.

O aumento da tensão nos terminais do díodo varactor provoca uma alteração gradual da frequência de ressonância da antena. Foi observado um deslocamento de 40 MHz, em média, na frequência de ressonância.

A reconfigurabilidade da frequência e a miniaturização foram conseguidas através da utilização de um díodo varactor no plano de terra da antena. A antena tinha uma largura de banda de 50 MHz e, aplicando uma tensão CC externa, podia alternar entre várias bandas de 2 GHz a 2,3 GHz para ser útil para várias aplicações, incluindo rádios cognitivos.

Outro estudo tem ëlë proposëe para sistemas front-end de rádio cognitivo em 1 artigo [41]. [3]A antena proposta tem um tamanho miniaturizado de 25*30x0,762 mm e utiliza quatro díodos varactores para controlar a frequência de ressonância da antena (Figura III.43).
A frequência de ressonância da antena pode ser ajustada eletronicamente através da alteração do comprimento elétrico efetivo da ranhura de ressonância, o que é conseguido através da utilização de díodos varactor dentro da ranhura. Além disso, a simples polarização dos díodos varactor tem pouco efeito sobre o desempenho da antena.

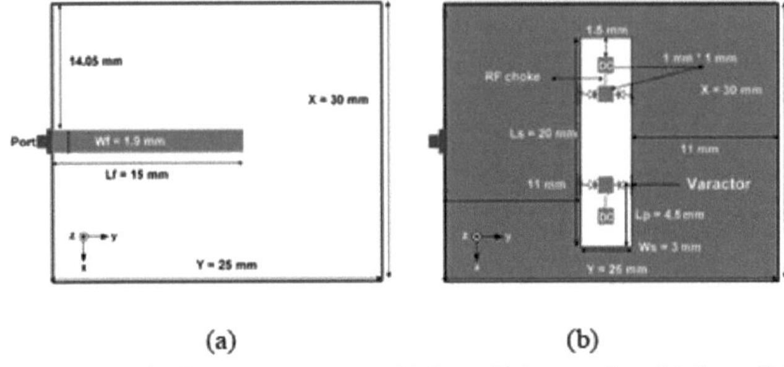

Figura III.43: Geometria da antena proposta (a) Superfície superior, (b) Superfície inferior
Os resultados da simulação (ver Figura III.44) mostram que a antena proposta é capaz de mudar a frequência numa gama de ajuste de 0,93 GHz (de 1,83 a 2,76 GHz) com uma gama de ajuste de frequência de 40,5%.

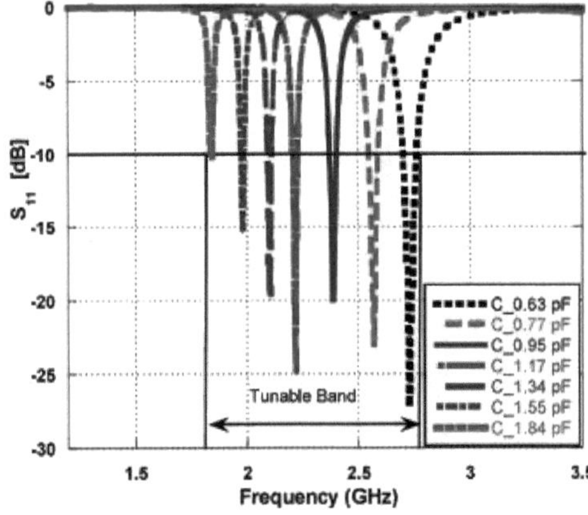

Figura III.44: Parâmetros S11 simulados da antena proposta.

c) Carga indutiva

No artigo [42], mostra-se que o tamanho de uma Antena F Invertida (IFA) plana para integração no scanner de um dispositivo móvel é reduzido através de uma carga indutiva ou capacitiva.
O IFA com carga indutiva é construído como se mostra na figura III.45(a). Os parâmetros geométricos são fixos e são colocados diferentes indutores no IFA.
A frequência de ressonância sem carga indutiva é de 5,2 GHz (X = 5,77 cm). A largura de banda e a frequência de ressonância da antena sem carga são adequadas para WLAN.

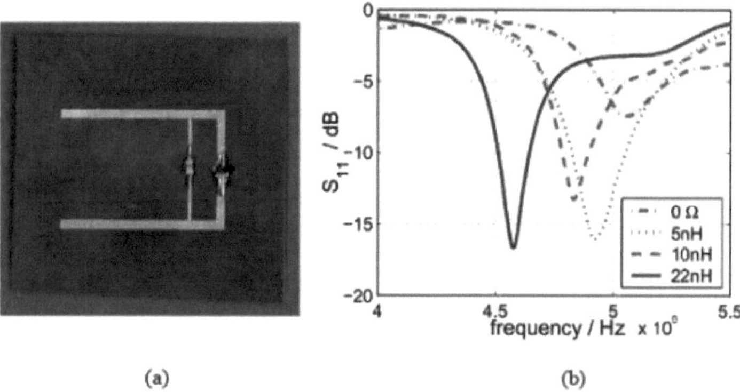

(a) (b)

Figura III.45: Fotografia do IFA utilizado carregado com um indutor. (b) Resultados das medições do coeficiente de reflexão para diferentes cargas indutivas.

Utilizando uma carga indutiva com 5nH, 10nH e 22nH, a frequência de ressonância pode ser reduzida para 650 MHz. A variação na correspondência (ver Figura III.45-b) é uma função da rede de correspondência para todas as medições. A correspondência pode ser melhorada através de uma rede de correspondência específica para cada antena.

Para construir uma antena que opere a 5,2 GHz, o tamanho da antena deve ser reduzido. O ganho medido na direção do feixe principal é sempre aproximadamente o mesmo com e sem uma carga indutiva de 22 nH, cerca de 2 dBi.

6.4. Técnica 4: Curto-circuito

6.4.1. Descrição da técnica

A adição de estruturas de curto-circuito, ao introduzir um novo caminho de corrente, modifica a distribuição do campo da antena, resultando na geração de uma nova frequência de ressonância na banda de baixa frequência.

A utilização de terminais de curto-circuito entre o fermento radiante e o plano de terra e a incorporação de uma combinação de diferentes técnicas podem melhorar o desempenho da antena de microfita em termos de largura de banda ou de pureza de polarização.

6.4.2. Trabalhos efectuados e discussão

Na referência [43] é apresentada uma nova antena impressa de banda dupla para aplicações WLAN que abrange as bandas de 2,4 GHz e 5,8 GHz. A tecnologia de curto-circuito é utilizada para miniaturizar a antena. A ranhura em forma de L é utilizada para gerar bandas duplas.

A Figura III.46 ilustra a geometria da antena patch de banda dupla.

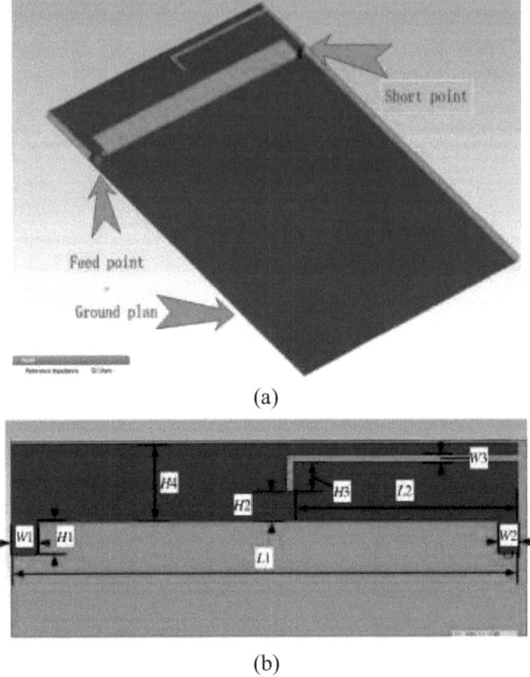

(a)

(b)

Figura III.46: Gëomëtrie da antena proposta. (a) Vista livre da antena. (b) Vista superior da antena.

A antena é impressa numa placa de substrato FR4 PCB com uma espessura de 1 mm e uma permissividade relativa de 4,5. O ponto de alimentação da antena é representado à esquerda e o ponto de curto-circuito à direita. A operação de banda dupla pode ser gerada usando um slot em forma de L.

A referência [44] apresenta uma antena monopolar simples impressa com duas bandas parasitas em curto-circuito (longa e curta) para uma vasta área de operação de uma rede sem fios penta-banda num telemóvel fino.

A ranhura monopolar tem 40 mm de comprimento e está posicionada a uma distância de 6,5 mm do plano de terra do telemóvel (Figura III.47).

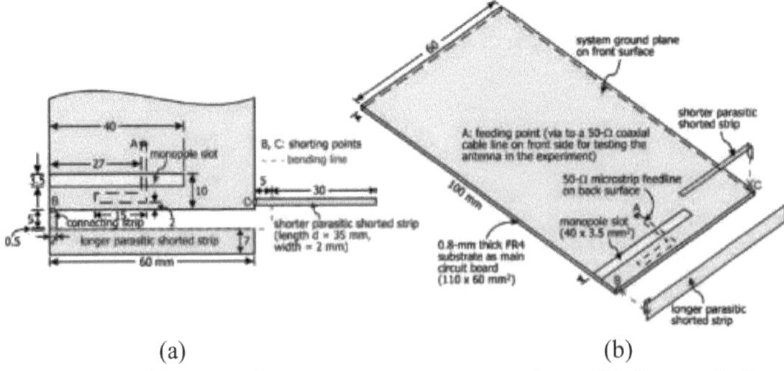

(a) (b)

Figura III.47: (a) Dimensões da antena em sua estrutura planar, (b) Gëomëtrie da antena slot monopolo proposta.

Para analisar o princípio de funcionamento da antena, a Figura III.48 mostra o coeficiente de reflexão medido da antena proposta, o caso apenas com uma ranhura monopolar (notë Ref.1) e o caso apenas com uma ranhura monopolar e uma longa banda parasita em curto-circuito (Ref. 2).

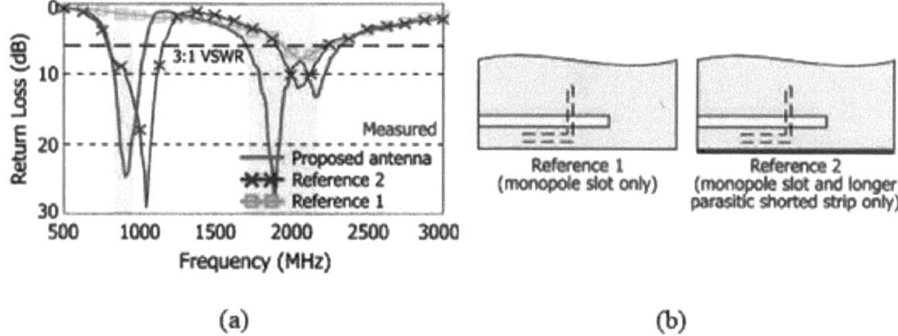

Figura III.48: (a) Coeficiente de reflectância medido para a antena proposta. (b) Ref.1: apenas ranhura monopolar ou; Ref.2: apenas ranhura monopolar com banda de curto-circuito longa.

Para a Ref. 1, apenas é ativado um modo de ressonância de um quarto de onda a cerca de 2 GHz. Quando a banda parasita longa e curta é adicionada para formar a Ref. 2, ocorre um modo de ressonância de dipolo de chassis a cerca de 1 GHz, que cobre a banda desejada de 824-960 MHz. Finalmente, ao adicionar uma banda parasita curta para formar a antena proposta, é gerado um modo adicional de um quarto de onda a cerca de 2,1 GHz. Como resultado, dois modos ressonantes de ordem superior em cerca de 1,9 e 2,1 GHz são gerados para combinar com os modos ressonantes fornecidos pelas refs. 1 e 2 para formar uma banda superior de antena de banda larga para cobrir a banda desejada de 1710-2170 MHz.

A adição das duas bandas parasitas em curto-circuito (curta e longa) ligadas ao canto inferior do plano de terra permite miniaturizar a antena monopolar de ranhura (trazendo modos de ressonância adicionais à antena) e obter uma boa excitação. Os modos de ressonância excitados formam duas bandas de funcionamento largas para cobrir, respetivamente, as bandas GSM850/900 (824-960 MHz) e GSM1800/1900/WCDMA (17102170 MHz).

Em [45] é proposta e estudada experimentalmente uma antena retangular de microfita em curto-circuito (RMA) com uma superfície de remendo defeituosa (ranhura oblíqua) para obter uma largura de banda alargada e uma radiação polarizada cruzada (XP) melhorada em comparação com o padrão de radiação polarizada principal (CP) sem alterar este último.

O isolamento de cerca de 23-35 dB entre a radiação CP e XP com uma largura de banda de 25% é conseguido com a estrutura proposta. O ganho medido da antena é estável em cerca de 6,2 dBi em toda a banda.

A antena RMA é projectada utilizando uma tira fina de cobre com uma espessura de 0,1 mm, um comprimento de L=7 mm e W=12,12 mm para funcionar em torno de 13,4 GHz. O material PTFE ($_{sr=5}$2,33) com uma espessura de 5,58 mm é utilizado como substrato. [2]A dimensão do plano de terra é de 80*80 mm.

Um par de fendas largas cortadas na superfície da mancha dá origem a uma estrutura de mancha defeituosa, como mostra a figura III.49-b.

São cortadas quatro ranhuras nos cantos do remendo e quatro pinos metálicos de curto-circuito podem passar por essas ranhuras, sendo soldados aos cantos do remendo e encurtando assim os cantos do remendo para o plano de terra.

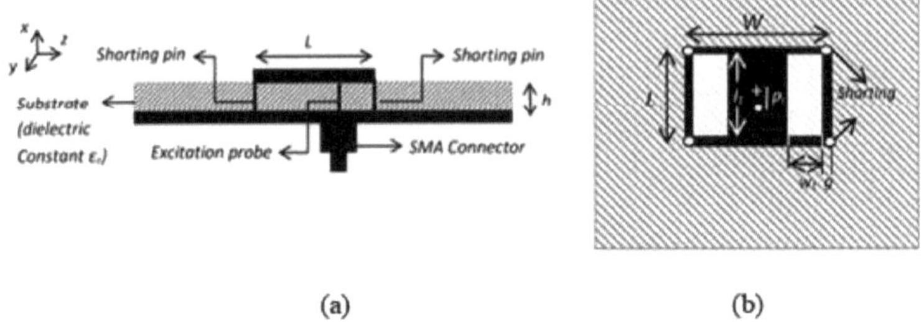

(a) (b)

Figura III.49: Diagrama esquemático da estrutura RMA: (a) vista lateral, (b) vista superior.

Uma indicação física clara da melhoria observada na radiação XP também pode ser vista na distribuição do campo elétrico sobre a superfície do remendo, que é mostrada na Figura III.50.

A literatura mostra que as principais fontes de XP são a radiação dos bordos não irradiantes e dos cantos do remendo de um RMA. Por conseguinte, para reduzir a radiação dos bordos não radiantes, a amplitude do campo deve ser minimizada. A figura III.50 mostra claramente que a amplitude do campo elétrico é significativamente menor nos bordos não irradiantes, bem como nos cantos das manchas, no caso da estrutura final, em comparação com a RMA convencional.

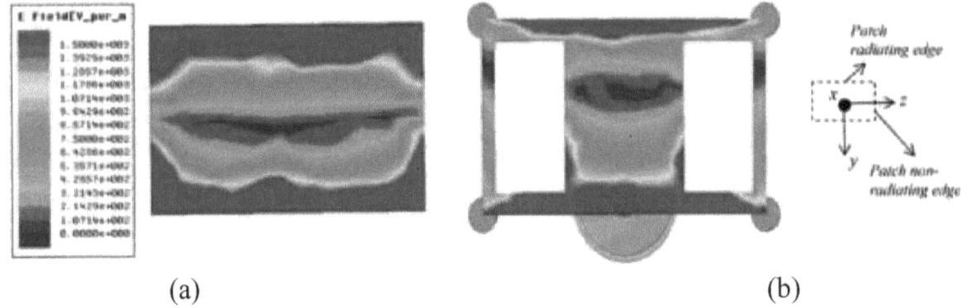

(a) (b)

Figura III.50: Variações na amplitude do campo elétrico sobre a superfície do patch para: (a) RMA convencional, (b) estrutura proposëe.

As intensidades de campo nas extremidades radiantes são semelhantes em ambos os casos e, por conseguinte, não têm influência no padrão de radiação principal (co-polarização).

A figura III. 51 mostra os coeficientes de reflexão medidos para as duas estruturas (convencional e final).

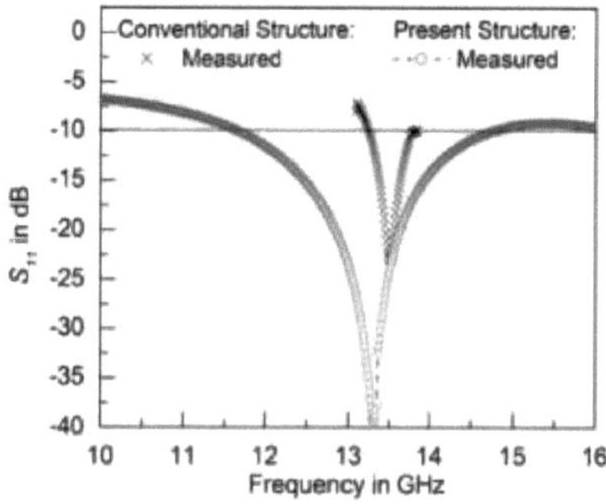

Figura III.51: Coeficiente de reflexão para a estrutura convencional e para a estrutura final (RMA em curto-circuito carregada com um dipolo de fenda larga com superfície de mancha defeituosa)

A introdução de grandes ranhuras na superfície do patch melhora a largura de banda para -10 dB da estrutura final da antena em comparação com a convencional. O resultado mede rëyëк que a presente antena produz uma largura de banda larga de 25% (de 11,50 GHz a 14,84 GHz), enquanto que para uma antena convencional é de apenas 5%.

Os resultados da simulação para a largura de banda, o ganho máximo CP e o isolamento CP- XP para a antena proposta com uma largura de ranhura variada (w1) são apresentados na Tabela III.3.

Tabela III.3: Largura de banda (-10 dB) e isolamento CP-XP para a antena proposëe para diferentes larguras (w1) do slot à superfície do patch.

Tipo de estrutura	**w1 (mm)**	**largura de banda (%)**		**Ganho máximo de CP na ressonância (dB)**		**isolamento mínimo CP- XP (dB)**	
		Simulee	**medido**	**Simular**	**medida**	**Simulee**	**medido**
RMA convencional	**Sem ranhuras**	**5**	**6**	**6.2**	**6.07**	**11**	**10.05**
Estrutura RMA com superfície de remendo defeituosa e sem curto-circuitos	3.2	**25.38**	**24.6**	**6.2**	**6.15**	**19.18**	**19.01**
Estrutura RMA com uma superfície de remendo ranhurada defeituosa e pinos de curto-circuito	3.2	**25.01**	**24.89**	**6.18**	**6.13**	**23.2**	**22.5**

De acordo com a Tabela III.3, a largura de banda da estrutura RMA com a superfície do patch defeituoso torna-se quase 25%, enquanto a mesma para um patch convencional é de apenas 5%. O RMA com superfície de patch defeituosa com uma largura de slot $w_1 = 3{,}2$ mm também mostra uma melhoria significativa no isolamento do CP-XP e é de cerca de 19 dB, enquanto o mesmo para o patch convencional é de apenas 10,05 dB. Agora, para melhorar ainda mais a pureza da polarização, são utilizados quatro pinos de curto-circuito nos quatro cantos da placa com a mesma largura de ranhura w_1.

7. Conclusão

Em conclusão, pode dizer-se que a utilização destas quatro técnicas, como a modificação do plano de terra (DGS) com carregamento por materiais de permissividade muito elevada (BST) e a integração de ëlëments localizados, bem como a técnica de curto-circuito, ou a combinação entre estas técnicas permite alcançar uma miniaturização significativa das antenas planares, melhorar a pureza de polarização e obter uma banda de frequência alargada.

Bibliografia do Capítulo III

[1] Riki H Patel, Arpan Desai, Trushit Upadhyaya, "*a discussion on electrically small antenna property*", Microwave and Optical Technology Letters, Vol. 57, No. 10, Pp. 2386-2388, Oct. 2015.

[2] S.A. Schelkunoff, H.T Friis, "*Antennas and theory*", Capítulo 10, Wiley, Nova Iorque, NY, 1952.

[3] L. Wang, M.Q. Yuan, Q.-H. Liu, "*A dual-band printed electrically small antenna covered by two capacitive split-ring resonators*", IEEE Antennas Wireless Propag Lett 10 (2011), 824-826.

[4] John L. Volakis, Chi-Chili Chen, K yohei Fujimoto, "*Small Antennas: Miniaturization Techniques & Applications*", McGraw-Hill Companies, EUA, 2010.

[5] R. C. Hansen, "*Fundamental limitations in antennas*," Proceedings of the IEEE, vol. 69, n.º 2, fevereiro de 1981, pp. 170-182.

[6] G. A. Thiele, P. L. Detweiler, e R. P. Penno, "*On the lower bound of the radiation Q for electrically small antennas*," IEEE Transactions on Antennas and Propagation, vol. AP-51, junho de 2003, pp. 1263-1269.

[7] R. F. Harrington, "*Effect of antenna size on gain, bandwidth, and efficiency*", Journal of Research of the National Bureau of Standards, vol. 64D, janeiro-fevereiro de 1960, pp. 1-12.

[8] R. W. P. King, *The Theory of Linear Antennas*, Harvard University Press, Cambridge, Massachusetts. 1956.

[9] S. R. Best, "*The performance properties of electrically small resonant multiple-arm folded wire antennas,*" IEEE Antennas and Propagation Magazine, vol. 47, no. 4, agosto de 2005, pp. 1327.

[10] H.A. Wheeler, Fundamental limitations of small antennas, Proc IRE 35 (1947), 1479-1484.

[11] R. W. P. King, *The theory of liner antennas*, Harvard University Press, Cambridge, MA, pp. 184-192, 1956.

[12] Muhammad Umar Khan, Mohammad Said Sharawi, Raj Mittra, "*Microstrip patch antenna miniaturisation techniques: a review*", IET Microwaves, Antennas & Propagation, Vol. 9, No. 9, pp. 913-922, 2015.

[13] S.M.A.M.H. Abadi e N. Behdad, *Uma antena de banda ultra larga polarizada verticalmente e eletricamente pequena com caraterísticas de radiação semelhantes a monopolos*, IEEE Antennas Wireless Propag Lett 13 (2014), 742-745.

[14] M.T. Ali, N. Nordin, I. Pasya, e M.N. Md Tan, *antena patch de microfita em forma de H usando sonda L alimentada para aplicações de banda larga*, 6ª Conferência Europeia de Antenas e Propagação (EUCAP), pp. 2827-2831, Praga, 2012.

[15] L. H. Weng, Y. C. Guo, X. W. Sh i, e X. Q. Chen, "*An overview on defected ground structure,*" Progress In Electromagnetics Research B, Vol. 7, 173-189, 2008.

[16] C. Insik, and L. Bomson, "*Design of defected ground structures for harmonic control of active microstrip antenna,*" IEEE Antennas Propag. Soc. Int. Symp. vol. 2, 852-855, 2002.

[17] J. S. Park, J. H. Kim, J. H. Lee, et al, "*A novel equivalent circuit and modeling method for defected ground structure and its application to optimization of a DGS low-pass filter,*" IEEE Microwave Symposium Digest, 2002 IEEE MTT-S International, vol. 1, 417-420, 2002.

[18] G.-L. Wu, W. M., X.-W. Dai, et al, "*Design of novel dual-band band bandpass filter with microstrip meander-loop resonator and DGS,*" Progress in Electromagnetics Research , PIER 78, 17-24, 2008.

[19] Amiya B. Sahoo, Ayush Biswal, Chandan K. Sahu, Jogesh C. Dash, B. B. Mangaraj, "*Design of multi-band retangular patch antennas using defected ground structure (DGS)*", 2.ª Conferência Internacional do IEEE sobre Tendências Recentes em Eletrónica, Tecnologia da Informação e Comunicação (RTEICT), Bangalore, Índia, 19-20 de maio de 2017.

[20] R. Er-rebyiy, J. Zbitou, A. Tajmouati, M. Latrach, A. Errkik, L. El Abdellaoui, "*A new design of a miniature microstrip patch antenna using Defected Ground Structure DGS*", International Conference on Wireless Technologies, Embedded and Intelligent Systems (WITS), Fez, Marrocos,

19-20 de abril de 2017.

[21] Vrishali Mahesh Belekar, Prachi Mukherji, Mahesh Pote, "*Improved microstrip patch antenna with enhanced bandwidth, efficiency and reduced return loss using DGS*", Conferência Internacional sobre Comunicações Sem Fios, Processamento de Sinais e Redes (WiSPNET), Chennai, Índia, 22-24 de março de 2017.

[22] K. Wei, J. Y. Li, L. Wang, R. Xu, Z. J. Xing, "*Uma nova técnica para projetar antena de microfita polarizada circularmente por estrutura de solo com defeito fractal*", IEEE Transactions on Antennas and Propagation, Vol. 65, No. 7, Pp. 3721 - 3725, julho de 2017.

[23] Korany R. Mahmoud, Ahmed M. Montaser, "*Arranjo optimizado de antenas de ondas milimétricas 4^4 com DGS utilizando o algoritmo híbrido ECFO-NM para redes móveis 5G*", IET Microwaves, Antennas & Propagation, Vol. 11, No. 11, Pp. 1516 - 1523, 9 de agosto de 2017.

[24] Li Gu, Yan-Wen Zhao, Qiang-Ming Cai, Zhi-Peng Zhang, Bi-Hui Xu, Zai-Ping Nie, "*Varredura de matriz faseada de banda larga de baixo perfil aprimorada com abordagem de compartilhamento de radiador e estruturas de solo defeituosas*", IEEE Transactions on Antennas and Propagation, Vol. 65, No. 11, Pp. 5846 - 5854, Nov. 2017.

[25] Chandrakanta Kumar, Mahammad Intiyas Pasha, Debatosh Guha, "*Defected Ground Structure Integrated Microstrip Array Antenna for Improved Radiation Properties*", IEEE Antennas and Wireless Propagation Letters, Vol. 16, Pp. 310 - 312, 30 de maio de 2016.

[26] Suleyman Kuzu, Nursel Akcam, "*Antena de matriz usando estrutura de solo defeituosa moldada com forma fractal gerada pelo círculo de Apollonius*", IEEE Antennas and Wireless Propagation Letters (Volume: 16, Pp. 1020 - 1023, 12 de outubro de 2016).

[27] Kedar Trivedi, Dhaval Pujara, "*Redução do acoplamento mútuo no conjunto de antenas de ressonador dielétrico fractal em forma de árvore de banda larga utilizando uma estrutura de solo com defeito para aplicações MIMO*", Recebido: 12 de abril de 2017, DOI: 10.1002/mop.30810

[28] M.C. Lim, S.K.A. Rahim, M.R. Hamid, P.J. Soh, Aa Eteng, "*Antena reconfigurável de frequência semi-transparente com DGS*", Recebido: 4 de junho de 2017, DOI: 10.1002/mop.30915

[29] Yatendra Kumar, Ravi Kumar Gangwar, Binod Kumar Kanaujia, "*Antena de microfita circularmente polarizada de banda larga compacta em forma de gancho com plano DGS*", Recebido: 27 de novembro de 2017, Revisado: 14 de fevereiro de 2018, Aceito: 14 de fevereiro de 2018, DOI: 10.1002/mmce.21275

[30] Sumy Mathew, Mailadil T. Sebasian, Pezholil Mohanan, "*A low profile, high permittivity cylindrical dielectric resonator antenna for microwave communication*", International Conference on Advances in Computing and Communications, Pp. 267-269, 2012.

[31] Antrisha Daneraichi Setiawan, Achmad Munir, "*Incorporação de um ressonador dielétrico circular de elevada permissividade para aumentar a frequência de ressonância da antena de microfita*", 15. QiR: Intl. Symp. Elec. and Com. Eng, Pp. 87-90, 2017.

[32] Ying Liu, Hu Liu, Ming Wei, Shuxi Gong, "*Uma antena de ressonador dielétrico de baixo perfil e alta permissividade com largura de banda aprimorada*", IEEE Antennas and Wireless Propagation Letters, VOL. 14, Pp. 791-794, 2015.

[33] Idris Messaoudene, Farouk Chetouah, Massinissa Belazzoug, "*Compact Retangular DRA with High Permittivity Stacked Resonator for RADAR Applications*", 7th SEMINAR On Detection Systems: Architectures And Technologies (DAT'2017), 20-22 de fevereiro de 2017, Argel, Argélia.

[34] Wee Fwen Hoon, Mohd Fareq bin Abd. Malek, Liew Hui Fang, Lee Yeng Seng, liyana Zahid, "*The Miniaturization of High Permittivity DRA with Array Patches*", 2013 First International Conference on Artificial Intelligence, Modelling & Simulation, Pp. 443-445, 2013.

[35] Y. Hwang, Y. P. Zhang, T. K. Lo, "*Planar inverted-F antennas loaded with very high permittivity ceramics*", Radio Science, VOL. 39, RS2002, Pp. 1-10, 2004.

[36] J. L. G. Medeiros, A. G. d'Assun^ao, L. M. Mendon^a, "*Microstrip Fractal Patch Antennas Using High Permittivity Ceramic Substrate*",

[37] Yu-suke Takigawa, Shinya Kashihara, Futoshi Kuroki, "*Integrated Slot Spiral Antenna*

Etched on Heavily-High Permittivity Piece", Proceedings of Asia-Pacific Microwave Conference, 2007.

[38] Braham Chaouche Y, Bouttout F, Messaoudene I, Pichon L, Belazzoug M, Chetouah F. ,'*Design of reconfigurable fractal antenna using pin diode switch for wireless applications*, 16.º Simpósio Mediterrânico de Micro-ondas (MMS'16), 14-16 de novembro de 2016.

[39] BorhaniRezaei MP, Valizade A. *Design of a reconfigurable min-iaturized microstrip Antenna for switchable multiband systems*", IEEE Antennas Wireless Propag Lett. 015;15:822- 825.

[40] Muhammad U. thKhan, Rifaqat Hussain, Mohammad S. Sharawi, "*A Compact Reconfigurable and Miniaturized Patch Antenna*", Pp. 140-141, 4 Asia-Pacific Conference on Antennas and Propagation (APCAP), 2015.

[41] Hany A. Atallah, Adel B. Abdel-Rahman, Kuniaki Yoshitomi, Ramesh K. th Pokharel, "*Design of miniaturized reconfigurable slot antenna using varactor diodes for cognitive radio systems*", 4 International Japan-Egypt Conference on Electronics, Communications and Computers (JEC-ECC), Pp. 63-66, Cairo, Egito, 31 de maio-2 de junho de 2016.

[42] S. Schulteis, C. Waldschmidt, W. Sorgel, W. Wiesbeck, "*A Small Planar Inverted F Antenna with Capacitive and Inductive* Loading", Simpósio Internacional da Sociedade de Antenas e Propagação do IEEE, Monterey, CA, EUA, 20-25 de junho de 2004.

[43] Liu H, Zhang L, Pan J, Liu C, Lin Z., "*A novel dual-band antenna for WLAN application*", Progress in Electromagnetic Research Symposium (PIERS), Pp. 484-486, China. 8 -11 Aug. 2016.

[44] Chih-Hua Chang, Wan-Chu Wei, Pei-Ji Ma, Shao-Yu Huang, "*Simple printed WWAN monopole slot antenna with parasitic shorted strips for slim mobile phone application*", Microwave and Optical Technology Letters, Vol. 55, No. 12, Pp. 2835-3541, December 2013.

[45] Abhijyoti Ghosh, Sudipta Chattopadhyay, L. Lolit Kumar Singh, Banani Basu, "*Antena de microfita de largura de banda larga com superfície de remendo defeituosa para aplicações de polarização cruzada baixa*", Int J RF Microw Comput Aided Eng, Pp. 1-10, 2017, https://doi.org/10.1002/mmce.21127

Capítulo IV

Miniaturização de um ressonador dielétrico ressonador dielétrico retangular por carregamento de uma película fina de material BST com permissividade muito elevada

1. Introdução

O desempenho das antenas de dëes impressas depende muito do substrato em que são montadas. O substrato não só fornece suporte mecânico para a antena, mas também afecta propriedades como a frequência de ressonância, a largura de banda e, mais importante ainda, a eficiência da radiação, a espessura e a permissividade do substrato influenciam a largura de banda da antena. Um substrato adequado deve, por conseguinte, satisfazer os requisitos mecânicos e eléctricos do projeto.

Parâmetros como a constante dieléctrica elevada, a baixa perda dieléctrica, a elevada capacidade de armazenamento de carga e a baixa densidade da corrente de fuga são factores importantes na escolha do material dielétrico.

O titanato de bário e estrôncio (BaxSr1-xTiO3 ou BST) [1,2] é um dos materiais mais populares para aplicações de micro-ondas, devido às suas vantagens como a estabilidade química, o bom comportamento à temperatura, a elevada permissividade dieléctrica dependente do campo elétrico, a elevada sintonização e a baixa tangente de perda a frequências de micro-ondas [3].

Os materiais ferroeléctricos têm sido aplicados em muitos projectos de componentes de micro-ondas, tais como antenas sintonizáveis e matrizes em fase baseadas em varactores BST, deslocadores de fase e filtros sintonizáveis. Em particular, a película fina de BST é considerada um dos materiais dieléctricos mais promissores para condensadores de alta densidade em DRAMs com elevada densidade de armazenamento de carga.

Este capítulo é dedicado ao estudo e análise de uma antena miniaturizada de ressonador dielétrico retangular carregada com uma película fina de material ferroelétrico BST de permissividade muito elevada.

Os materiais ferroeléctricos BST são brevemente apresentados na secção 2 deste capítulo. Na secção 3, é apresentada uma antena de ressonador dielétrico baseada numa estrutura retangular. Os resultados da simulação são discutidos e comparados antes e depois da integração de uma fina camada de material BST, de modo a obter uma miniaturização significativa. A conclusão é apresentada na secção 4.

O trabalho apresentado na secção 3 deste capítulo foi objeto de um artigo internacional [4] que foi publicado e apresentado na conferência de Al-Ain, nos Emirados Árabes Unidos.

2. Propriedades dieléctricas utilizadas no fabrico de antenas RD

2.1. Propriedades dos substratos dieléctricos

2.1.1. Materiais dieléctricos [5,6]

O elemento crítico que permitiu o desenvolvimento de antenas de microfita é a inovação dos materiais de substrato. Este material específico pode influenciar as propriedades da antenna ëelétricos da antena, da linha de transmissão e dos circuitos. Assim, um substrato appropnë deve satisfazer simultaneamente os requisitos mecânicos e ëeléctricos.

Um matëriau diëelétrico é conhecido como um mau condutor de ëlectricitë, mas um bom meio de fluxo de corrente ëlectrostática. Quando uma onda ëlectromagnëtica se move através de um diëlectrico, a velocidade da onda será reduzida e ela se comportará como se tivesse um comprimento de onda menor.
Os materiais podem ser classificados de acordo com a sua permissividade. Os que têm uma constante diëétrica de parte real positiva são os diëlétricos. Os metais são bons condutores eléctricos e têm uma permitância egativa em frequências muito altas, nas quais não há propagação de ondas electromagnéticas.
O permissionário da diëlectrica está em complexo gënëral e é donime por:

$$\varepsilon = \varepsilon' - j\varepsilon'' \qquad (4.1)$$

ε' ε'' Onde; é a parte real que representa a permissividade relativa do matëriau (constante diëelétrica) e é a parte imaginária e indica o fator de perdas nele embutido de tal forma que:

$$\varepsilon'' = \frac{\sigma}{\varepsilon_0 \omega} d \qquad (4.2)$$

σ ε_0 ω Nesta expressão, é a condutividade total do material, é a permissividade do espaço livre e é a frequência angular do campo.
I.'um condutor no SI é Siemens por metro (S/m), o que pressupõe que na expressão acima so é expresso em farads por metro (F/m) e (') em radianos por segundo.
ε' et ε''.ε' et ε''.As propriedades dieléctricas são determinadas como valores ou permissividade relativa e tangente de perda que é relevante para ambos em função da frequência.

2.1.2. Autorização

A permissividade de um meio pode ser consideradaërëe como o quale de uma matëriau que lhe permite armazenar ëcarga eléctrica. As unidades de permissividade são Farads / metro (F/m). ^{12}A permissividade no vácuo (espaço livre) é anotada assim, seu valor é 8,854*10' F/m. Os materiais que não o vácuo têm uma permissividade superior a esta, e são frequentemente dësignës pela sua permissividade relativa sp

$$\varepsilon_r = \frac{\varepsilon}{\varepsilon_0} \qquad (4.3)$$

ε: Ou; titular de licença intermédia, Fm^{-1}

ε_r: licenciado relativo do ambiente (sem dimensões)

Em micro-ondas, a permissividade relativa £r é frequentemente referida como a "constante dieléctrica". A constante dieléctrica é uma função da frequência e é importante caraterizar a matriz do substrato para a gama de frequências de funcionamento.
Os materiais diëlétricos com perdas mínimas são prëfërësados para ter a máxima eficiência de radiação da antena. No entanto, sempre há perdas associadas aos dielétricos.
Para duas placas planas preenchidas com um material dielétrico, a permissividade do material pode ser escrita em

$$\varepsilon = \varepsilon_r \varepsilon_0 = \frac{Q}{EA} \qquad (4.4)$$

Q: a carga que é uniformemente distribuída entre as placas, (C)
-1E: campo elétrico, (Vm)
2A: área da superfície da placa, (m)
Consequentemente, uma determinada quantidade de material com uma elevada permissividade pode armazenar mais cargas do que um material com uma permissividade inferior. Uma permissividade elevada tende a reduzir qualquer campo elétrico presente. A capacitância C entre as placas é dada por:

$$C = \frac{\varepsilon A}{d} = \frac{\varepsilon_r \varepsilon_0 A}{d} \quad (4.5)$$

Ou ; d: distância entre as duas placas, (m)
Desta forma, a capacitância de um condensador pode ser aumentada através do aumento da permissividade do material dielétrico no seu interior.
Para quantificar as perdas dos materiais dieléctricos, utilizamos outro termo conhecido como tangente de perdas, que é explicado na secção seguinte.

2.1.3. Tangente de perda

A tangente de perda, tanS (também conhecida como fator de dissipação) define a perda do meio e caracteriza a quantidade de energia transformada em calor no material. É dada pelo rácio negativo entre a parte imaginária e a parte real da permissividade do material a uma determinada frequência. A tangente de perda é dada pela relação:

$$tan(\delta(\omega)) = \frac{\varepsilon''(\omega)}{\varepsilon'(\omega)} \quad (4.6)$$

Uma tangente de perdas elevada significa que o material tem uma grande absorção dieléctrica e uma elevada perda de potência transmitida através do dielétrico.
Uma vez que a eficiência de radiação de uma antena está fortemente relacionada com o fator de perda da matriz, uma tangente de perda grande significa uma eficiência de radiação muito baixa da antena.
As permissividades relativas de alguns materiais comuns estão ënumërëes na Tabela IV. 1. Note que elas são funções da frequência e da tempëratura. Normalmente, quanto maior a frequência, menor a permissividade^ na banda de radiofrequência. Deve também ser salientado que quase todos os condutores têm uma permissividade relativa de 1.
Tabela IV.1: Permissividade relativa de alguns materiais comuns a 100 MHz. [7]

Material	Licença relativa	Material	Licença relativa
ABS (plástico)	2.4-3.8	Polipropileno	2.2
Ar	1	Policloreto de vinilo (PVC)	3
Alumina	9.8	Porcelana	5.1-5.9
Silicato de alumínio	5.3-5.5	PTFE-teflon	2.1
Madeira de balsa	1,37 a 1 MHz 1,22 a 3 GHz	PTFE-cerâmica	10.2
Betão	~8	PTFE-vidro	2.1-2.55
Cobre	1	RT / Duroid 5870	2,33
Diamante	5.5-10	RT / Duroid 6006	6,15 a 3GHz
Epóxi (FR4)	4,4	Borracha	3.0-4.0
Vidro epoxídico para PCB	5.2	Safira	9.4
Álcool etílico (absoluto)	24,5 a 1 MHz 6,5 a 3 GHz	Água do mar	80
FR-4 (G-10) -Resina baixa -	4.9	Silício	11.7-12.9

Resina alta	4.2		
GaAs	13.0	Solo	~10
Vidro	~4	Solo (arenoso seco)	2,59 a 1MHz 2,55 a 3 GHz
Ouro	1	Água (32T) (68T) (212T)	88,0 80,4 55,3
Gelo (água destilada pura)	4,15 a 1 MHz 3,2 a 3 GHz	Madeira	~ 2

2.2. Propriedades dos ressoadores com uma permissividade dieléctrica muito elevada [8,9].

2.2.1. Materiais ferroeléctricos

Os materiais fen^eléctricos pertencem a uma classe de materiais de óxido de perovskite que exibem uma polarização ëlectrica espontânea abaixo da temperatura de Curie T_c.

No arrefecimento, há uma transição do estado pa^elétrico para o estado fen^elétrico em T_c, onde se observa a constante diëeléctrica máxima. A temperaturas abaixo de Tc (ou seja, no estado fen^elétrico), a polarização ëlétrica espontânea está presente quando há deslocamento relativo de íons nos materiais fen^elétricos; isso resulta em um momento de dipolo líquido. A orientação do momento de dipolo num material feno-elétrico pode ser Neste caso, a polarização do material muda de uma orientação para a outra sob a influência de um campo elétrico aplicado, provocando uma alteração na constante dieléctrica do material [10-13]. A relação entre a polarização e o campo elétrico aplicado é representada pela curva de histerese da Figura IV.1:

- No estado ferroelétrico, a polarização dos ferroeléctricos mantém-se mesmo na ausência de um campo elétrico aplicado.
- No estado paraelétrico, existe apenas uma polarização com a aplicação de um campo elétrico externo.

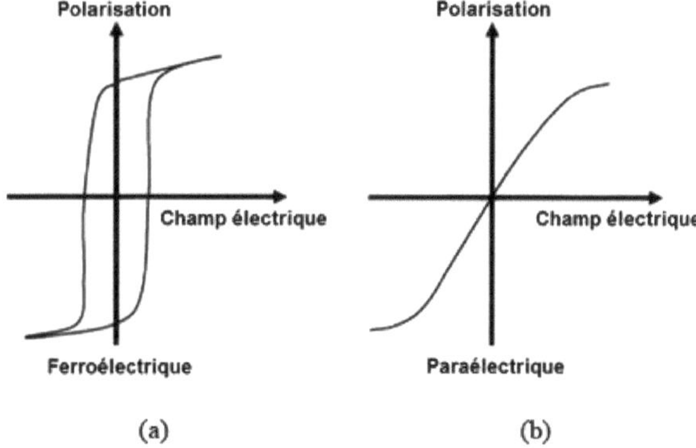

Figura IV.1: Polarização de um material ferroelétrico nos estados ferroelétrico e paraelétrico em resposta a um campo elétrico externo aplicado, mostrando: (a) histerese e (b) ausência de histerese.

Exemplos de materiais ferroeléctricos são o titanato de bário ($BaTiO_3$) e o titanato de bário e estrôncio (BaxSrl-xTiO3 ou BST). A figura IV.2 mostra a estrutura de perovskite e a polarização eléctrica de uma célula unitária de BST (ou seja, a deslocação do átomo de Ti) em resposta a um campo elétrico externo.

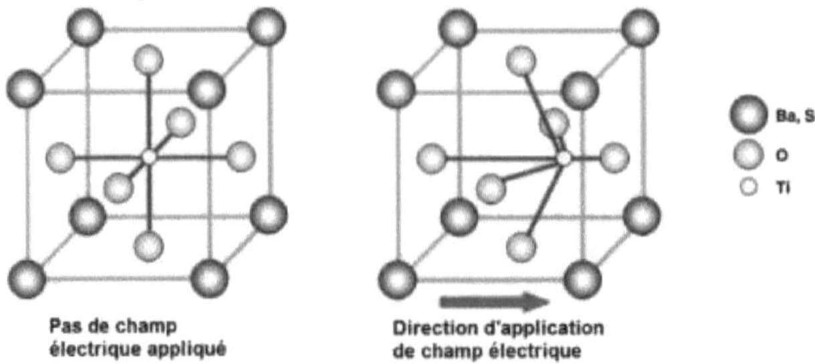

Figura IV.2: Estrutura de perovskite e polarização eléctrica de uma célula unitária de titanato de bário-estrôncio (Ba, Sr) TiO3 em resposta a um campo elétrico externo aplicado. [14]

Uma tempëratura de operação ligeiramente acima da tempëratura de Curie na fase paraeléctrica é normalmente preferida para dispositivos de micro-ondas sintonizáveis porque os ferroeléctricos neste estado estão livres do efeito histerético e têm perdas moderadas [11, 12]. Apesar desta distinção técnica, os ferroeléctricos utilizados na fase paraeléctrica para dispositivos de micro-ondas sintonizáveis continuam a ser referidos como materiais ferroeléctricos.

2.2.2. Propriedades dieléctricas

Os ferroeléctricos são essencialmente dieléctricos não lineares porque a sua constante dieléctrica depende do campo elétrico externo e da temperatura.

a. Constante dieléctrica dependente do campo

Vários materiais ferroeléctricos são adequados para integração em circuitos integrados monolíticos de micro-ondas (MMIC) e o material mais estudado para aplicação em micro-ondas é o BaxSri-xTiO3 (BST), em que x pode variar entre 0 e 1.

O BST é uma composição em que os iões de bário são introduzidos no titanato de estrôncio puro (SrTiO3 ou STO) numa tentativa de melhorar as propriedades de micro-ondas. O STO puro é particularmente atraente devido à sua compatibilidade cristalina com os supercondutores de alta temperatura (HTS) e encontra-se no estado paraelétrico a qualquer temperatura, pelo que não existe uma temperatura de Curie acima de 0 K. Por outro lado, o titanato de bário tem uma temperatura de Curie de cerca de 400 K.

Um rácio de composição diferente permite adaptar a temperatura de Curie. Normalmente, é utilizado um valor de x = 0,4 - 0,6 para otimizar as suas propriedades à temperatura ambiente, e um valor de cerca de x = 0,1 - 0,2 quando o material é utilizado em conjunto com películas HTS [10,15, 16-18].

A Figura IV. 3 mostra a variação da constante diëelétrica relativa Sr do filme fino de Ba0,5Sr0,5TiO3 (BST) em função do campo elétrico e da temperatura [19].

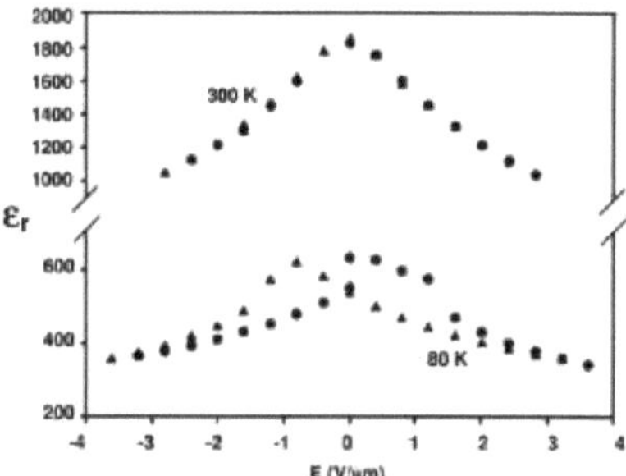

Figura IV.3: Constante dieléctrica de uma película fina de BST a 80 K e 300 K [19].

Como mostrado na Figura IV. 3, a constante diëtrica do BST diminui com o aumento do campo ëlétrico e para a tempëratura:

- A 300 K, os filmes finos de BST têm um ;:,■ na faixa de 1000-2000 sem hystërësis [19]. Isto mostra que os filmes finos estão no estado paraëelétrico.
- À medida que a tempëratura cai para 80 K, Sr cai abaixo de 700 e a hystërësis é observada à medida que a tensão é varrida para cima e para baixo. Isso é esperado, pois o filme fino BST está no estado ferroelétrico.

b. Sintonização

Uma das propriedades mais importantes dos materiais ferroeléctricos é a forte dependência da sua constante dieléctrica do campo elétrico externo aplicado E. Esta caraterística é geralmente descrita pela sintonizabilidade n, definida como a razão entre a constante dieléctrica do material a um campo elétrico nulo e a sua constante dieléctrica a um campo elétrico diferente de zero, como expresso pela equação (4.7). A afinabilidade relativa n, em percentagem, é definida pela equação (4.8).

$$n = \frac{\varepsilon(0)}{\varepsilon(E)} \tag{4.7}$$

$$n(\%) = \frac{\varepsilon(0) - \varepsilon(E)}{\varepsilon(0)}.100 \tag{4.8}$$

c. Tangente de perda

Os materiais ferroeléctricos, como todos os outros dieléctricos, sofrem geralmente de perdas dieléctricas. A relação (4.1) exprime matematicamente a constante dieléctrica dos materiais ferroeléctricos, que pode ser representada na forma complexa com as partes real s' e imaginária s". A parte imaginária da constante dieléctrica s" tem em conta o fator de perda devido ao atraso de polarização quando o campo elétrico é aplicado e à dissipação de energia associada à polarização da carga. Este fator de perda é caracterizado pelo rácio entre a parte imaginária e a parte real da constante dieléctrica, geralmente designado por tangente de perda, tan 6 (relação (4.6)).

Os materiais com elevada capacidade de sintonização e baixa tangente de perda a frequências de micro-ondas são altamente desejáveis em aplicações de engenharia de micro-ondas. No entanto, em conjunto com a elevada sintonização, a maioria dos ferroeléctricos também possui elevada perda e dependência da temperatura [20, 21].

A correlação entre a sintonização e a tangente de perda obriga frequentemente os projectistas a escolherem o material com o melhor compromisso entre estes dois parâmetros para um melhor desempenho do dispositivo.

2.23. Granel, película espessa e película fina

Os materiais ieTroeléctricos apresentam-se sob várias formas, nomeadamente a granel, em película espessa e em película fina.

Cada uma destas formas tem as suas vantagens e desvantagens:

a. A granel: Os ferroeléctricos a granel têm tipicamente 500 a 2000 pm de espessura. Devido à sua constante dieléctrica muito ëlevëe, tipicamente da ordem das dezenas a milhares, os ferroeléctricos a granel são úteis para reduzir substancialmente o tamanho dos dispositivos de micro-ondas.

Os ferroeléctricos a granel têm sido utilizados em muitas aplicações, tais como ressonadores dieléctricos sintonizáveis [22, 23], filtros sintonizáveis [24, 25], varactores [26] e antenas de lente [27].

No entanto, um dos principais inconvenientes dos ieTroelectricos a granel é que são necessárias tensões de sintonia muito elevadas, da ordem das centenas de volts a dezenas de kilovolts [28, 12], para obter uma gama de sintonia utilizável. Este facto limita grandemente a sua utilização em dispositivos de micro-ondas sintonizáveis.

No entanto, a ferroeléctrica em massa apresenta geralmente valores de tangente de perda inferiores aos de outras formas de ferroeléctrica.

b. Películas espessas: As películas espessas referem-se a uma espessura superior a cerca de 1 pm. Além disso, são geralmente policristalinas. As películas ferroeléctricas espessas são consideradas uma forma mais prática do que as películas a granel, uma vez que é necessária uma tensão de sintonização significativamente mais baixa (algumas centenas de volts). Além disso, com o desenvolvimento da tecnologia de fundição em fita [29] ou de serigrafia [30], o custo de produção das películas espessas diminuiu consideravelmente, tornando-as num bom candidato para um dispositivo sintonizável.

Muitos dispositivos sintonizáveis, como os deslocadores de fase [30, 31], os varactores [11, 32] e os filtros sintonizáveis [33] demonstraram a utilização de películas espessas. Estes resultados, embora promissores, não são tão bons como os obtidos com películas finas em termos de sintonização.

c. Película fina: Espessuras inferiores a 1 pm são frequentemente designadas por película fina e são geralmente de natureza mais cristalina, sendo produzidas por pulverização catódica, ablação por laser ou outras técnicas de processamento de película fina.

As películas finas ferroeléctricas são muito atractivas para aplicações de sintonização de micro-ondas devido ao seu custo de produção relativamente baixo e, mais importante ainda, ao seu baixo custo de fabrico, a sua baixa tensão de sintonização, tipicamente entre 2 e 200 volts, dependendo da composição da película fina e da sua espessura ë.

A resposta dieléctrica dos filmes finos ieiToeiectric é geralmente diferente da dos materiais ferroeléctricos em massa em termos de constante dieléctrica e sintonização. De acordo com a literatura [28, 12], a constante dieléctrica das películas finas é geralmente mais baixa e a tangente de perda, tan 6, é sempre mais elevada em comparação com as suas contrapartes a granel ou de película espessa.

No entanto, a tensão de sintonização muito mais baixa e outras vantagens de integração continuam a fazer da película fina ferroeléctrica um candidato muito viável em dispositivos de micro-ondas sintonizáveis.

A qualidade das películas finas ferroeléctricas também depende muito dos substratos utilizados para depositar a película. Substratos como o óxido de magnésio (MgO), a alumina ou safira (Al_2O_3) e o aluminato de lantânio ($LaAlO_3$) são frequentemente utilizados como substratos em componentes ferroeléctricos baseados em películas devido à sua baixa tangente de perda e boa correspondência de rede.

2.2.4. Técnicas de desenvolvimento de películas finas BST

a. Película fina ferroeléctrica

As películas finas ferroeléctricas podem ser desenvolvidas utilizando uma variedade de técnicas de deposição, cada uma das quais com as suas vantagens e desvantagens. Em termos gerais, estas técnicas podem ser divididas em três grupos:

- Deposição em fase vapor por processo físico (PVD): inclui pulverização catódica por RF e magnetrões, epitaxia por jato molecular e deposição por impulsos de laser (PLD).
- Deposição em fase vapor por processo químico (CVD): inclui a deposição em fase vapor por processo químico metal-orgânico (MOCVD) e a deposição em camada atómica (ALD).
- Deposição de soluções químicas (CSD): inclui a decomposição sol-gel e metal-orgânica.

A deposição por laser pulsado (PLD) tem uma série de caraterísticas que a tornam notavelmente competitiva no domínio das películas finas complexas, em comparação com outras técnicas de crescimento de películas. Além disso, a técnica PLD oferece simplicidade de utilização, uma taxa de deposição relativamente elevada e é mais económica do que outras técnicas de deposição.

b. Película fina BST

Foram publicados muitos trabalhos sobre o crescimento de filmes finos ferroeléctricos de BaxSr1-xTiO3 (BST).

O uso da técnica de PLD tem ë1.ë relatado nos últimos anos [16, 18, 3437]. Os filmes finos de BST são considerados 1 dos candidatos mais promissores para micro-ondas sintonizáveis devido à sua elevada não linearidade das constantes dieléctricas com o campo elétrico aplicado e às propriedades dieléctricas sintonizáveis do Estrôncio (Sr) e do Bário (Ba). As películas finas de BST com x=0,4 - 0,6 são normalmente utilizadas, uma vez que demonstram um grande efeito de campo elétrico à temperatura ambiente.

A constante dieléctrica e a tangente de perda são os dois parâmetros mais importantes que afectam as aplicações práticas das películas finas de BST em dispositivos de micro-ondas sintonizáveis. Estes parâmetros dependem muito da qualidade da película, bem como do substrato utilizado para a deposição da película [35, 37]. O substrato de MgO monocristalino (001) é frequentemente escolhido para o crescimento de películas finas de BST devido às suas excelentes propriedades dieléctricas em termos de baixa tangente de perda, e também devido à sua boa durabilidade e baixo custo em comparação com outros substratos.

2.3. Aplicações dos materiais ferroeléctricos

Os materiais ferroeléctricos têm recebido uma atenção considerável na última década devido à procura crescente de componentes com dimensões mais reduzidas, menor peso, maior velocidade, menor custo e maior potência. A alteração da constante dieléctrica dos materiais ferroeléctricos com o campo elétrico aplicado é a chave para uma vasta gama de aplicações, tais como varactores, deslocadores de fase e filtros sintonizáveis.

A próxima secção pretende dar uma visão geral da aplicação da película fina ferroeléctrica BST numa antena miniaturizada como ressonador dielétrico (elemento radiante).

3. Miniaturização de uma antena de ressonador dielétrico retangular através do carregamento de uma película fina de material BST de permissividade muito elevada

Uma das técnicas importantes utilizadas para conseguir a miniaturização é a utilização de materiais de elevada permissividade. Esta técnica tem provado o seu valor nos últimos anos, particularmente para filtros e dispositivos osciladores de micro-ondas [38]. Além disso, para aplicações em antenas, são também utilizados como substratos de uma ou várias camadas [39].

Na literatura, alguns trabalhos são relatados para a miniaturização de antenas ressonadoras dielétricas (DRAs) usando materiais de permissividade muito alta. Para as DRAs, estes materiais desempenham o papel de elemento radiante. As vantagens deste tipo de antena são a variedade de formas disponíveis, os diferentes métodos de alimentação (linha de transmissão microstrip, alimentação por sonda, tipo coplanar, etc.) e a ausência de perdas metálicas [40].

Nos últimos anos, o material dielétrico titanato de bário e estrôncio (BST) tem sido amplamente desenvolvido, caracterizado e integrado em componentes eléctricos por diversas razões, incluindo a concretização da miniaturização e/ou agilidade em dispositivos de micro-ondas [1]. Este tipo de material cerâmico oferece alta permissividade e baixas perdas que atendem aos requisitos de sistemas de micro-ondas de alto desempenho.

Nesta secção, propomos a miniaturização de uma antena de ressonador dielétrico retangular (RDRA) para o serviço de comunicações sem fios (WCS).

3.1. Serviço de comunicação sem fios (WCS)

De acordo com a FCC, as normas WCS estão licenciadas para funcionar na banda de 2,3 GHz e ocupam duas bandas de frequências muito estreitas entre 2305-2320 MHz e 2345-2360 MHz (ver Figura IV.4) na gama do espetro de radiofrequências [41] e a sua utilização inclui o telemóvel, as mensagens de texto e a Internet.

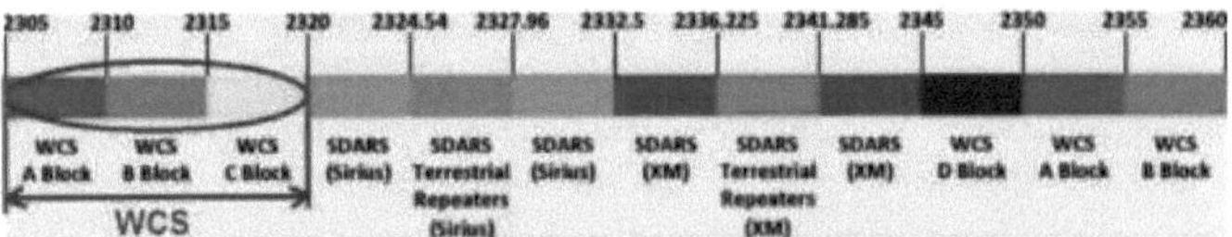

Figura IV.4: Espectro de frequências para o WCS e o SDARS [41].

3.2. Antena de Ressonador Dielétrico Retangular (RDRA) [4]

3.2.1. Projeto básico (antes de carregar a película fina de BST)

A estrutura básica (sem uma camada aditiva) consiste num substrato dielétrico de material Rogers TMM6 que tem uma permissividade relativa $\varepsilon_{rs} = 6$. A linha de alimentação e o plano de terra são impressos abaixo e acima deste substrato, respetivamente.

É cortada uma abertura retangular na superfície da placa de massa. O elemento radiante formado pelo material dielétrico Rogers TMM10i (com uma constante dieléctrica de 9,8) é montado diagonalmente (rodado num ângulo a = 45° em relação ao substrato) na placa de massa e centrado sobre a ranhura de excitação.

A figura IV.5 mostra a geometria básica e a forma da antena RDR.

Todas as dimensões da antena RDR são apresentadas na Tabela IV.2.

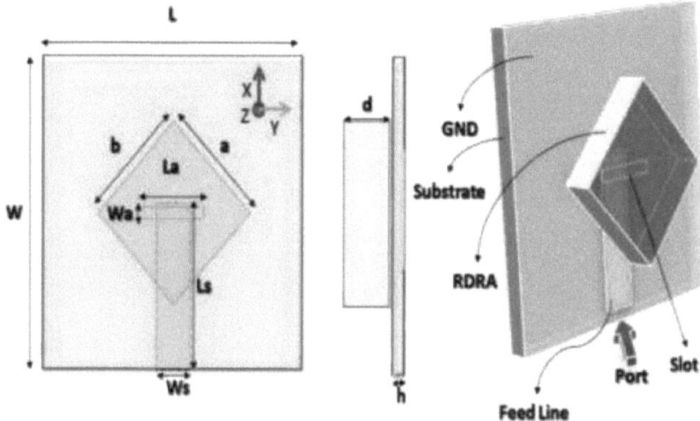

Figura IV.5: Gëomëtrie da antena RDR com a sua forma básica.

Tabela IV.2: Dimensões óptimas da antena RD retangular.

Parâmetro	Descrição	Valor
L	Comprimento do substrato	30 mm
W	Largura do substrato	30 mm
h	Altura do substrato	0,762 mm
ε_{rs}	Material do substrato	6 (Rogers TMM6)
a	DR para comprimento	12,5 mm
b	Largura do DR	12,5 mm
d	Altura do DR	6,45 mm
ε_r	DR Materiau	9,8 (Rogers TMM10i)
Ls	Comprimento de alimentação	16 mm
Ws	Largura de alimentação	4 mm
La	Comprimento da ranhura	6,95 mm
Wa	Largura da ranhura	1,2 mm

3.2.2. Resultados e análise

A utilização do mecanismo de alimentação por abertura permite a excitação dos modos eléctricos transversais (TE_{mnp}) do DRA retangular, sendo o modo de ordem mais baixa o TE_{111} [9]. A frequência de ressonância deste modo dominante pode ser estimada teoricamente usando o Modelo de Guias de Onda Dieléctricas (DWM), resolvendo a seguinte equação transcendental:

$$k_z \tan(k_z d/2) = \sqrt{(\varepsilon_r - 1)k_0^2 - k_z^2} \quad (4.9)$$

Ou ; $k_x^2 + k_y^2 + k_z^2 = \varepsilon_r k_0^2$ et $k_0 = 2\pi f_0$, $k_x = m\pi / a$, $k_y = n\pi / b$.

f_0 é a frequência de funcionamento livre e os índices m, n e p representam a variação do campo nas direcções x, y e z, respetivamente.

Utilizando o modelo DWM, a frequência de ressonância aproximada do DRA retangular apresentado na Figura IV.5 é de cerca de 5,7 GHz.

A análise numérica desta antena na sua configuração original é apresentada na Figura IV.6 em termos do coeficiente de reflexão S_{11}.

A partir da curva da Figura IV.6, verifica-se que a antena funciona em torno de 5,5 GHz e que o valor do coeficiente de reflexão na frequência de ressonância é inferior a -30 dB.

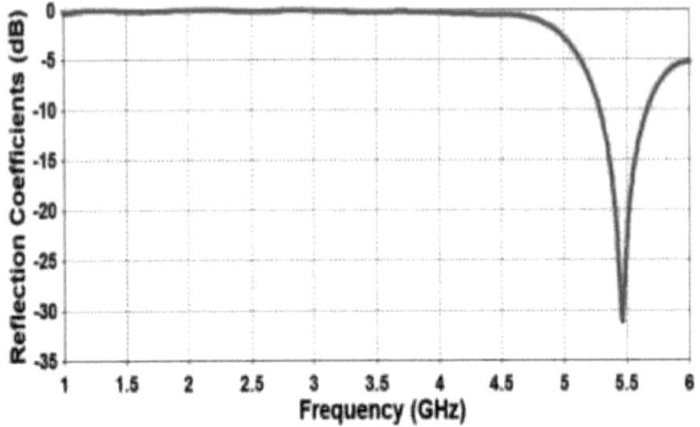

Figura IV.6: Coeficiente de reflexão simulado da antena RD básica.

O padrão de radiação 3D da antena RDRA básica simulada a 5,464 GHz é apresentado na Figura IV.7.

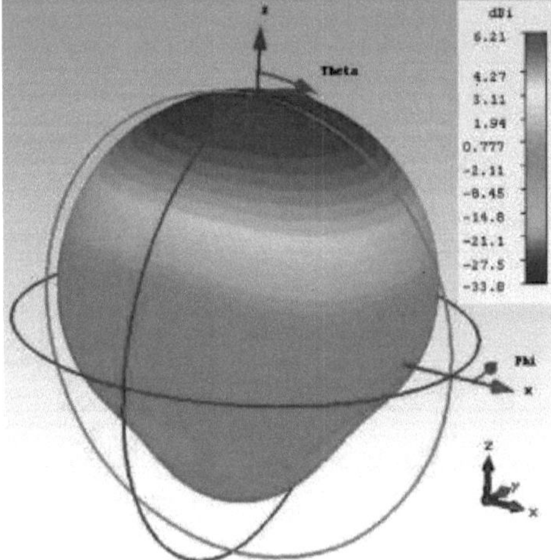

Figura IV.7: Padrão de radiação 3D da antena RDRA básica simulada a 5,464 GHz.

3.3. Processo de miniaturização

Nesta secção, discutiremos o procëdure de miniaturização adoptëe neste trabalho.

3.3.1. Conceção final da antena na RDR

A mesma geometria da estrutura da antena apresentada na prëcëdente secção é adoptada neste caso. No entanto, a única alteração é feita no elemento irradiante. O projeto da antena proposta consiste em duas antenas de ressonador dielétrico retangular empilhadas, com largura a e comprimento b.

O DR inferior ($_{DRi}$) é feito de material cerâmico BST com permissividade $_{Sri}$ = 250 e altura $_{di}$, o DR superior ($_{DR2}$) tem permissividade relativa $_{Sr2}$ = 9,8 (TMM10i) e altura $_{d2}$, de modo que: $_{di}$ + d2 = d = 6,45 mm, que representa a altura inicial do ressoador. A figura IV.8 mostra o modelo proposto que incorpora o material BST de permissividade muito elevada.

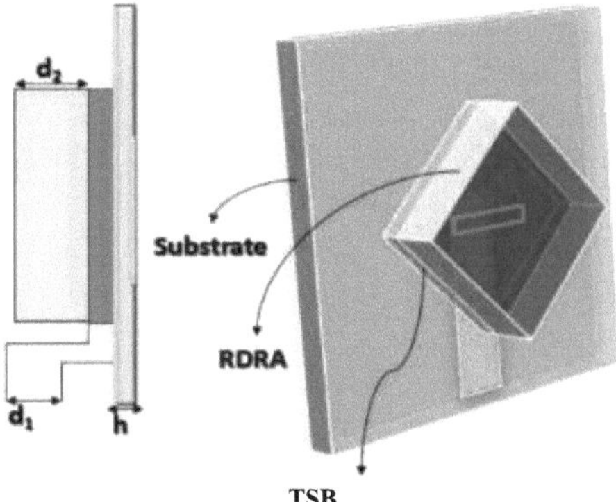

Figura IV.8: Geometria da antena RDR integrando a película de material BST.

3.3.2. Resultados e discussão

a) Coeficiente de reflexão

Depois de incluir o material BST na estrutura inicial, o coeficiente de reflexão será modificado. A Figura IV.9 mostra o coeficiente de reflexão simulado S_{11} após a incorporação da película fina de material BST no elemento radiante.

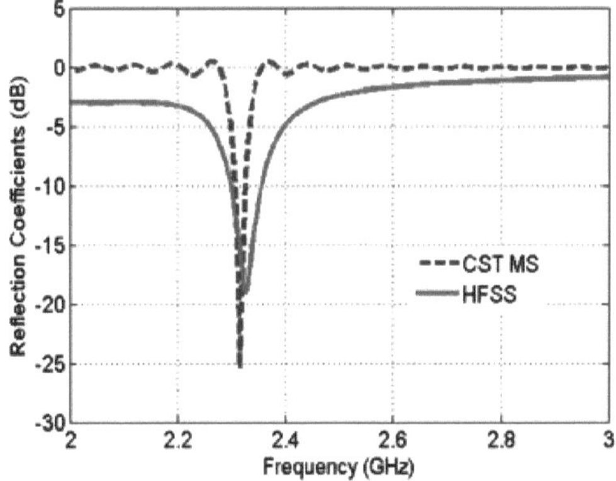

Figura IV.9: Coeficiente de reflexão simulado.

As simulações foram efectuadas utilizando os programas CST Microwave Studio e Ansoft HFSS. Os coeficientes de reflexão, representados na Figura IV.9, estão em boa concordância. A partir destas curvas, pode ver-se que a antena proposta tem uma frequência de ressonância de cerca de 2,314 GHz com um coeficiente de reflexão de amplitude entre -20 dB e -25 dB. Além disso, o projeto proposto oferece uma largura de banda de impedância (para um coeficiente de reflexão abaixo de -10 dB) de 20 MHz.

b) Taxa de miniaturização

A área ocupada pelo ressonador dielétrico é um fator crucial para avaliar a taxa de miniaturização. Por esta razão, o modelo DWM é usado para estimar a antena de ressonador diëlectrico equivalente que ressoa na mesma frequência que o nosso império ADR final. Após o cálculo, é dëmontrë que para a mesma permissividade diëlectrica^ (9,8) e altura (0,645 mm), o tamanho do ressonador deve ser da ordem de 42,5mm x 42,5mm para operar em torno da frequência de 2,31 GHz.

A Figura IV. 10 mostra a dimensão da antena de ressonância com (o retângulo em cor escura) e sem (o retângulo em cor clara) carregamento da camada cerâmica BST. Comparando os dois rectângulos, é evidente que a área ocupada pelo ressoador com BST representa 10% do tamanho do ressoador sem a integração desta camada. Isto mostra a importância da técnica de miniaturização adoptada.

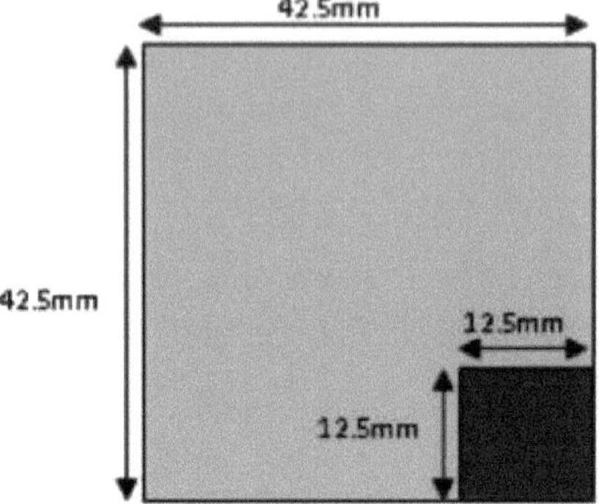

Figura IV.10: Comparação entre o tamanho do ressoador com e sem carregamento da camada fina de BST matëriau.

c) Diagramas de radiação

Os resultados simulados dos padrões de radiação 2D e 3D na frequência de ressonância de 2,314 GHz são calculados nos dois planos principais (plano XZ e plano YZ), como mostram as Figuras IV.11 e IV.12, respetivamente. A partir destas figuras, verifica-se que a antena proposta apresenta um padrão de radiação bidirecional no plano XZ e um comportamento omnidirecional no plano YZ.

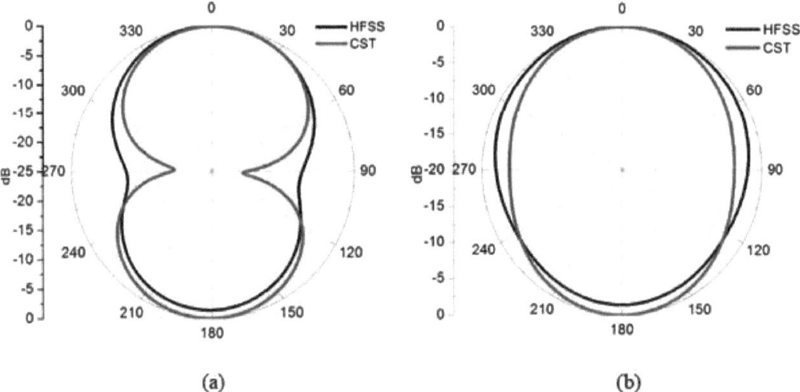

Figura IV.11: Padrões de radiação simulados a 2,314 GHz no; (a) plano XZ, (b) plano YZ.

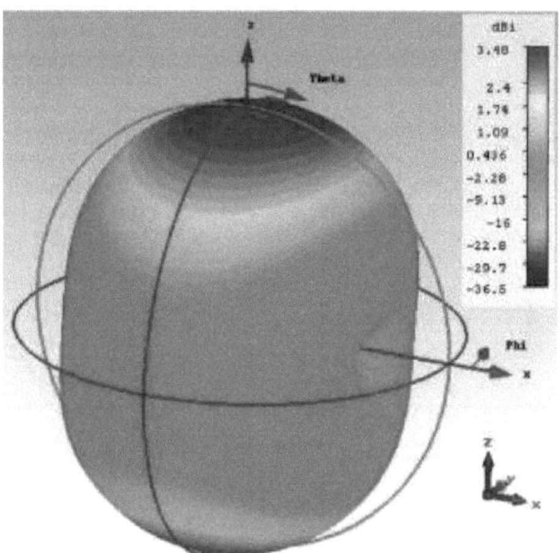

Figura IV.12: Padrão de radiação 3D da antena RDRA carregada pela camada BST simulada a 2,314 GHz pelo software CST.

3.4. Estudos paramétricos e discussão

A fim de analisar o efeito dos parâmetros da estrutura da antena no seu desempenho, é efectuado um estudo paramétrico, actuando sobre determinadas propriedades físicas da antena para obter o melhor resultado de otimização. O software CST foi utilizado para estudar o efeito dos parâmetros indicados na Tabela IV.2 no desempenho da antena RDRA.

3.4.1. Efeito dos parâmetros do ressoador dielétrico

O desempenho da antena proposta pode ser afetado pelas geometrias do RD retangular e sua permissividade. $_r$Nesta secção, vamos discutir os efeitos dos parâmetros; a permissividade diëlectrica r, 2 do filme fino do material BST, as alturas $_{di}$ e D e as duas dimensões (comprimento a e largura b) do ressonador retangular no coeficiente de reflexão.

a. Efeito da permissividade dieléctrica ε_{r2} da película de BST

A figura IV. 13 mostra o efeito da permissividade $_{Sr2}$ da camada BST no coeficiente de reflexão, mantendo a sua espessura constante (dl = 0,645 mm). Os valores de permissividade são escolhidos entre 9,8 (esta é a permissividade $_{Sri}$ do material TMM10i) e 350.

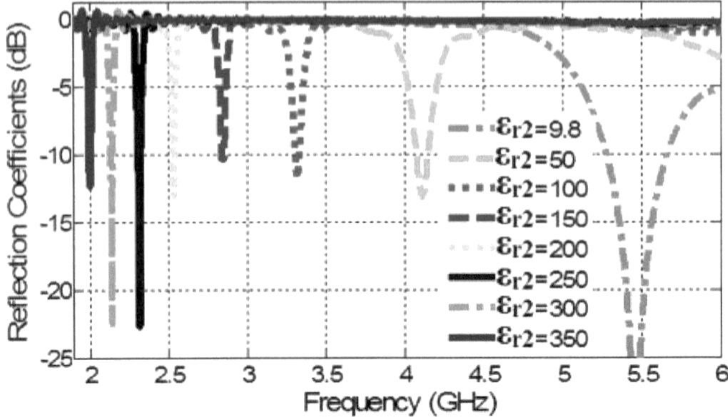

Figura IV.13: Efeito da permissividade <'m no coeficiente de reflexão.

A partir das curvas desta figura, podemos ver que o aumento da permissividade da película de BST provoca uma diminuição da frequência de ressonância da antena RDRA e a largura de banda associada torna-se pequena.

A variação da frequência de ressonância em função da permissividade é mostrada na Figura IV. 14, onde se observa uma degradação exponencial da frequência de ressonância em função do aumento da permissividade sr2.

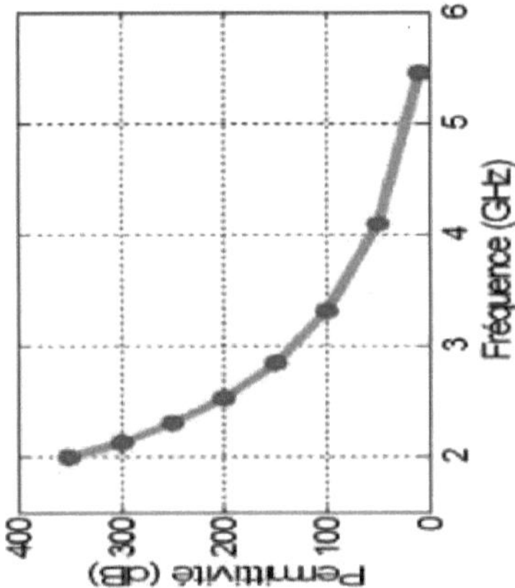

Figura IV.14: Efeito da permissividade na frequência de risonância da antena proposta.

b. Efeito da espessura da película di BST

A Figura IV.15 mostra a variação do coeficiente de reflexão em função da espessura da camada fina de material BST.

A partir das curvas nesta figura, pode ser visto que a espessura di do filme BST de permissividade muito alta tem um grande efeito sobre o coeficiente de reflexão da antena proposta.

O aumento da espessura do BST por um valor muito pequeno (100 цт) faz com que a frequência de ressonância da antena RDRA se desloque para a esquerda.

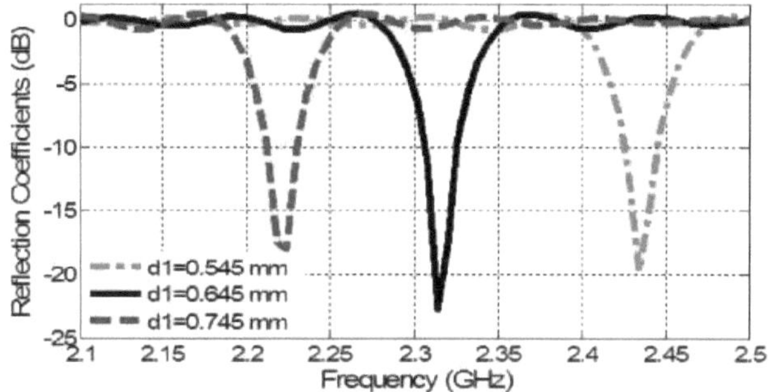

Figura IV.15: Efeito do parâmetro d_1 no coeficiente de reflexão.

A banda de funcionamento da antena proposta (serviços de comunicação sem fios; WCS) perde-se à frente do deslocamento que corresponde a d_1=0,645 mm para a esquerda ou para a direita do PIC da frequência de ressonância.

c. Efeito das geometrias do ressoador TMM10i (a, b, d, a)

Os efeitos das dimensões; comprimento a, largura b e altura d do ressoador retangular TMM10i, bem como da sua variação angular a, no coeficiente de reflexão da antena RDRA são apresentados nas Figuras IV.16, IV.17, IV.18 e IV.19, respetivamente.

Ao contrário da película fina BST, a variação - aumento ou diminuição - de um milímetro nas três dimensões (a, b, d) do elemento radiante TMM10i, não tem um grande efeito no coeficiente de reflexão da antena.

Isto deve-se à sua baixa permissividade em comparação com a alta permissividade do material BST, que tem um efeito considerável na frequência de ressonância.

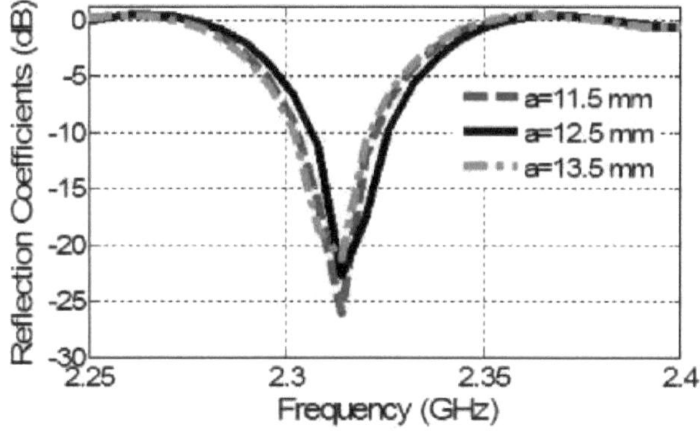

Figura IV.16: Efeito do comprimento a do RDR no coeficiente de reflexão.

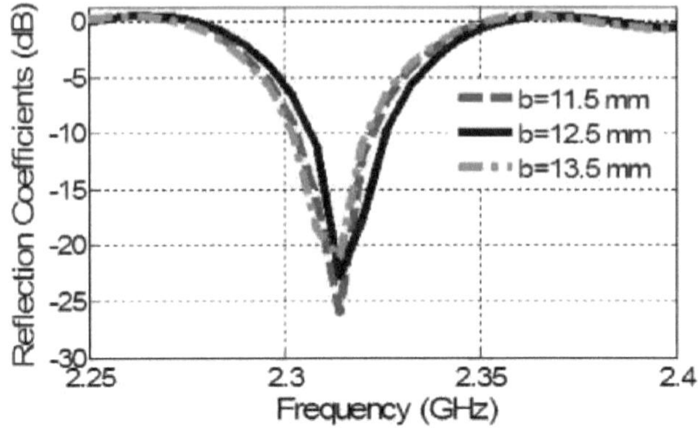

Figura IV.17: Efeito da largura b do RDR no coeficiente de reflexão.

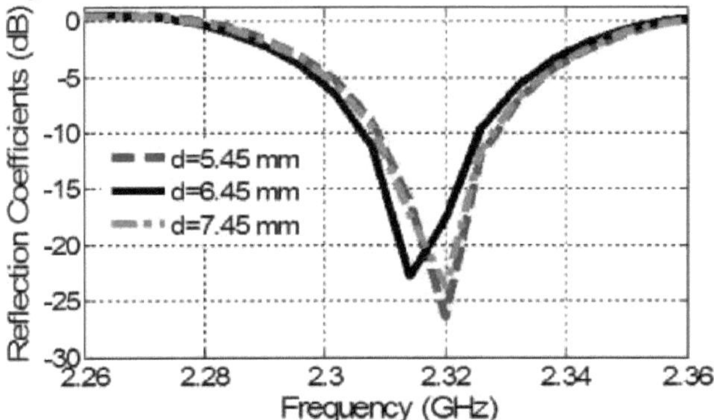

Figura IV.18: Efeito da altura d do RDR no coeficiente de reflexão.

O mesmo comentário se aplica ao parâmetro a (ângulo de rotação do RD em relação ao substrato) no que respeita ao seu fraco efeito no coeficiente de reflexão.

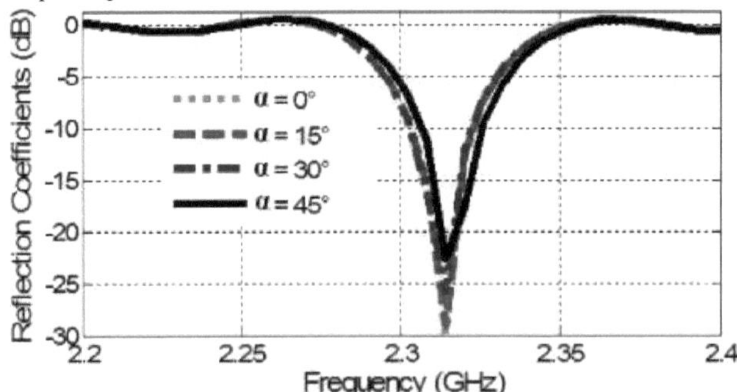

Figura IV.19: Efeito da variação do ângulo a no coeficiente de reflexão.

3.4.2. Efeito das geometrias da linha de alimentação

Os efeitos do comprimento e da largura da linha de alimentação (parâmetros Ls e Ws) no coeficiente de reflexão da antena são mostrados nas Figuras IV.20 e IV.21. Da figura IV.20, verifica-se que uma pequena variação (0,5 mm) no parâmetro Ls provoca uma dëgradação no valor do coeficiente de reflexão. A melhor adaptação é registada para o caso em que Ls=16 mm.

Uma redução de 2 mm no parâmetro Ws (como indicado na figura IV.21) permite miniaturizar a antena RDRA (deslocada para o espetro de frequência mais baixo).

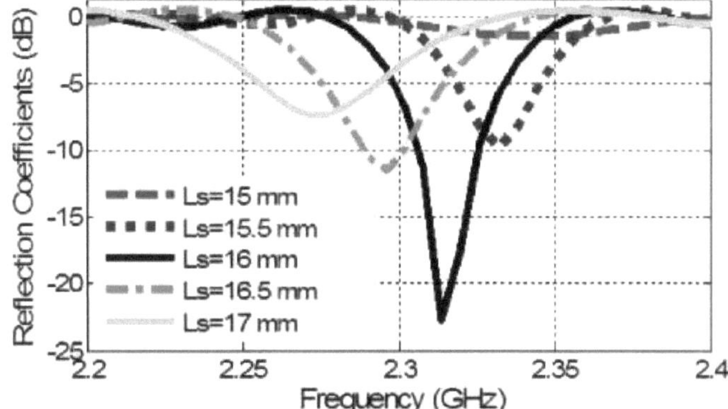

Figura IV.20: Efeito do parâmetro Ls no coeficiente de reflexão.

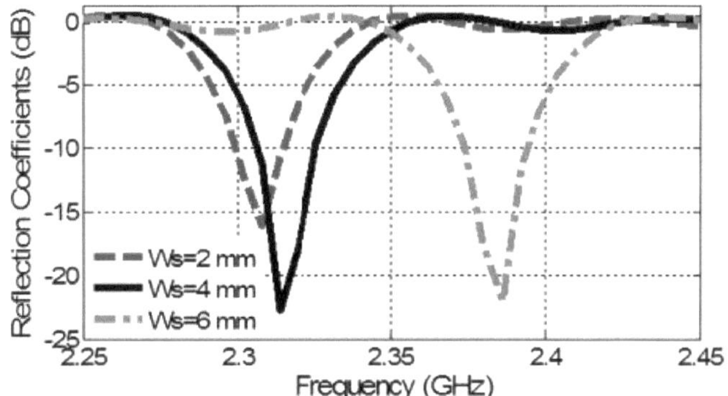

Figura IV.21: Efeito do parâmetro Ws no coeficiente de reflexão.

3.4.3. Efeito da geometria da abertura (a ranhura)

As Figuras IV.22 e IV.23 mostram o efeito do comprimento e da largura da ranhura, gravëe no plano de terra, no coeficiente de reflexão. Pode concluir-se destas curvas que o parâmetro La tem um efeito considërable no coeficiente de reflexão (Figura IV. 22). No entanto; a frequência de ressonância é ligeiramente dëcalëe para o parâmetro Wa (Figura IV.23).

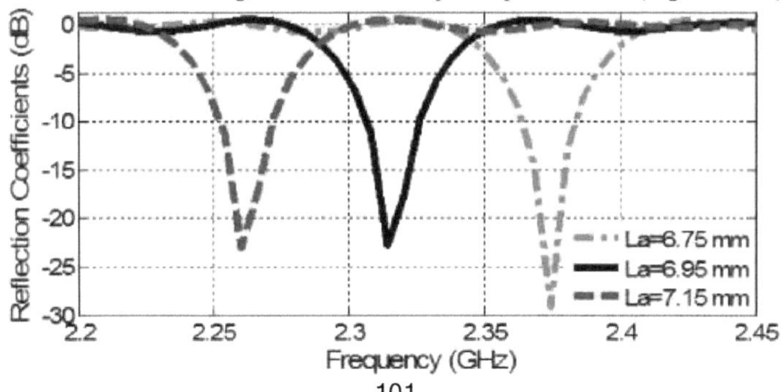

Figura IV.22: Efeito do parâmetro La no coeficiente de reflexão.

Das dez figuras (entre as Figuras IV.13 e IV.23) conclui-se que os valores óptimos dos parâmetros estudados, que garantem que a antena DRA cobre a banda desejável (serviço de comunicações sem fios), são os indicados na Tabela IV.2.

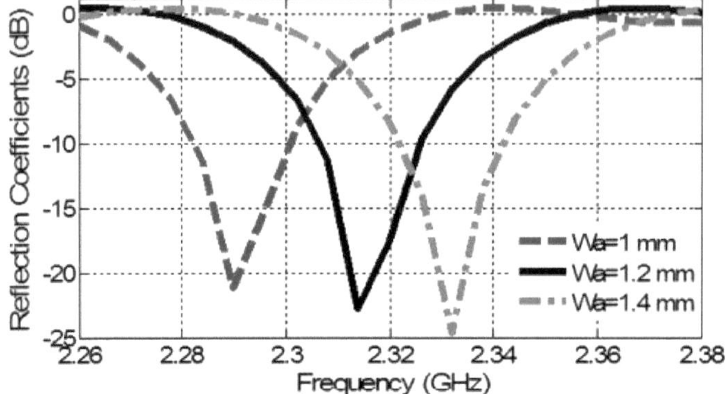

Figura IV.23: Efeito do parâmetro Wa no coeficiente de reflexão.

4. Conclusão

Neste capítulo, uma nova antena miniaturisëe de ressonador dièéctrico foi ëlëtudiëe numëriquement e analysëe utilizando dois simuladores ëlectromagnëtiques. A utilização de um material dièlectrico de elevada permissividade (material cerâmico BST) permite alcançar esta miniaturização. Com esta técnica, a redução da radiação irradiada atinge 90%. Os resultados obtidos mostram que o projeto proposto tem uma frequência de ressonância de 2,314 GHz e oferece uma largura de banda entre 2,306 GHz e 2,325 GHz. Com estas caraterísticas de radiação, a antena RD proposta pode ser uma candidata adequada para sistemas de serviço de comunicação sem fios (WCS).

É desejável fornecer um estudo experimental para apoiar o nosso trabalho; e isso exige a conclusão de duas fases:

A primeira fase envolve o fabrico da antena RDRA e da película fina de material BST;

- Um método específico para a produção de material ferroelétrico.
- Preparar os componentes de titanato de bário-estrôncio (as amostras ë: Ba, Sr, TiOs).
- Utilizar a técnica pu^ laser dëpбt (PLD) para desenvolver uma espessura de di=0,645 mm de película BST.
- Cara^riser a película para medir o valor da sua permissividade dièlectrica relativa^.
- Preparar os dois materiais com as alturas indicadas no quadro IV.2: TMM6i para o substrato, e TMM10i para o ressoador dielétrico.
- Gravar o substrato ou o circuito impresso em ambos os lados (o plano de terra e a linha de alimentação) utilizando o método de foto-gravação.
- Utilizando uma máquina laser, cortar uma espessura di=0,645 mm do matëriau TMM10i.
- Cole a película BST na superfície inferior do TMM10i (no lugar da peça coupëe).
- Colocar os dois ressoadores diagonalmente acima da abertura na planta baixa.

E a segunda fase diz respeito as medidas Slectricas e SlectromagnSticas antes e depois de carregar a antena RDRA com o matëriau BST;

- Medição do coeficiente de reflexão rS.
- Medição do padrão de radiação, da eficiência e do ganho da antena RDRA.

Recomenda-se a realização de resultados experimentais no futuro, para concretizar o princípio teórico e o projeto da antena RDRA carregada com o material BST.

Bibliografia do capítulo IV

[1] D. Remiens, F. Ponchel, A. Ghalem, T. Lasri. "*Filmes finos ferroelétricos trabalhando em frequência de micro-ondas para dispositivos reconfiguráveis: comparação de desempenho de BST, PST*," International Journal of Materials Engineering Innovation. 2014, Vol. 5, no 4, pp. 327-335, 2014.

[2] F.H. Wee e F. Malek , "Gain *Enhancement of a Microstrip Patch Antenna using Array Retangular Barium Strontium Titanate(BST)*," The 2011 Loughborough Antennas and Propagation Conference, November 14-15, 2011, Loughborough, UK.

[3] Tese de doutoramento em engenharia eletrónica, eléctrica e informática, Xiang Gao, "*Antenna Designs Based On Metamaterial-Inspired Structures*", Universidade de Birmingham, setembro de 2016.

[4] Farouk Chetouah, Nacerdine Bouzit, Idris Messaoudene, Salih Aidel, Massinissa Belazzoug, Boualem Hammache, "*Miniaturized retangular dielectric resonator antenna for WCS*", 12.ª Conferência Internacional sobre Inovações em Tecnologias da Informação (IIT-2016), pp. 1-4, 28-30 de novembro de 2016, Al-Ain, Emirados Árabes Unidos.

[5] Tese de doutoramento em Engenharia Eléctrica e Eletrónica, Shaozhen Zhu, "*Wearable antennas for Personal wireless Networks*", Universidade de Sheffield, janeiro de 2008.

[6] Tese de doutoramento em Engenharia Eletrotécnica e Eletrónica, Shahid Bashir, "*Design and Synthesis of Non Uniform High Impedance Surface based Wearable Antennas*", Universidade de Loughborough, outubro de 2009.

[7] Yi Huang, Kevin Boyle, "*Antennas From Theory To Practice*", página 14, John Wiley & Sons Ltd, 2008.

[8] F. H. Wee; F. Malek, '*Barium Strontium Titanate (BST) array antenna covered with dielectric resonator superstrates for high gain and high directive antenna*', 9th International Symposium on Antennas Propagation and EM Theory (ISAPE2010), Pp. 112 - 115, 29 Nov.-2 Dec. 2010, Guangzhou, China.

[9] Doutoramento em Engenharia Eletrónica, Eléctrica e de Computadores, Leong Ching Cheng, "*Ferroelectric Microwave Circuits*", Universidade de Birmingham, junho de 2009.

[10] M. J. Lancaster, J. Powell, e A. Porch, "*Thin-film Ferroelectric Microwave Devices*", Superconductor Science & Technology, vol. 11, pp. 1323-1334, Nov 1998.

[11] R. Jakoby, P. Scheele, S. Muller, e C. Weil, "*Nonlinear Dielectrics for Tunable Microwave Components,*" 15th International Conference on Microwaves, Radar and Wireless Communications, vol. 2, p. 369, 2004. 2, p. 369, 2004.

[12] A. K. Tagantsev, V. O. Sherman, K. F. Astafiev, J. Venkatesh e N. Setter, "*Ferroelectric Materials for Microwave Tunable Applications*," Journal of Electroceramics, vol. 11, pp. 5-66, 2003.

[13] M. Kamlah, "*Ferroelectric and Ferroelastic Piezoceramics - Modeling of Electromechanical Hysteresis Phenomena*," Continuum Mechanics and Thermodynamics, vol. 13, p. 219, 2001.

[14] T. Remmel, R. Gregory, e B. Baumert, "*Characterization of Barium Strontium Titanate Films Using XRD,*" Centro Internacional de Dados de Difração, 1999.

[15] B. Acikel, T. R. Taylor, P. J. Hansen, J. S. Speck, e R. A. York, "*A New High Performance Phase Shifter Using BaxSr1-xTiO3Thin Films*," IEEE Microwave and Wireless Components Letters, vol. 12, pp. 237-239, 2002.

[16] B. J. Kim, S. Baik, Y. Poplavko, Y. Prokopenko, J. Y. Lim, e B. M. Kim, "*Epitaxial BSTO Thin Films for Microwave Phase Shifters*," Asia-Pacific Microwave Conference, pp. 934-937, 2000.

[17] J. B. L. Rao, D. P. Patel, L. C. Sengupta, e J. Synowezynski, "*Ferroelectric Materials for Phased Array Applications*," IEEE 1997 Antennas and Propagation Society International Symposium Digest, vol. 4, pp. 2284-2287 vol.4, 1997.

[18] F. W. Van Keuls, C. T. Chevalier, F. A. Miranda, C. M. Carlson, T. V. Rivkin, P. A. Parilla, J. D. Perkins, e D. S. Ginley, "Comparison *of the Experimental Performance of Ferroelectric CPW*

Circuits with Method-of-Moment Simulations and Conformal Mapping Analysis," Microwave and Optical Technology Letters, vol. 29, pp. 34-37, 2001.
[19] P. M. Suherman, T. J. Jackson, Y. Y. Tse, I. P. Jones, R. I. Chakalova, M. J. Lancaster e A. Porch, "*Microwave Properties of Ba0.5Sr0.5TiO3 Thin Film Coplanar Phase Shifters*," Journal of Applied Physics, vol. 99, p. 104101, 2006.
[20] N. M. Alford, S. J. Penn, A. Templeton, X. Wang, J. C. Gallop, N. Klein, C. Zuccaro, e P. Filhol, "*Microwave Dielectrics*," IEE Colloquium on Electro-technical Ceramics - Processing, Properties and Applications, pp. 9/1-9/5, 1997.
[21] S. J. Penn, N. McNalford, A. Templeton, N. Klein, J. C. Gallop, P. Filhol e X. Wang, "*Low Loss Ceramic Dielectrics for Microwave Filters*," IEE Colloquium on Advances in Passive Microwave Components, pp. 6/1-6/6, 1997.
[22] S. S. Gevorgian, E. F. Carlsson, S. Rudner, U. Helmersson, E. L. Kollberg, E. Wikborg, e O. G. Vendik, "*HTS/Ferroelectric Devices for Microwave Applications*," IEEE Transactions on Applied Superconductivity, vol. 7, pp. 2458-2461, 1997.
[23] O. G. Vendik, E. Kollberg, S. S. Gevorgian, A. B. Kozyrev, e O. I. Soldatenkov, "*1 GHz Tunable Resonator on Bulk Single Crystal STO Plated with YBCO Films*," Electronics Letters, vol. 31, pp. 654-656, 1995.
[24] T. Chakraborty, I. Hunter, R. Kurchania, A. A. B. A. Bell, e S. Chakraborty, "*Intermodulation Distortion in Wide and Dual-mode Bulk Ferroelectric Bandpass Filters*", IEEE MTT-S International Microwave Symposium Digest, p. 4 pp., 2005.
[25] M. K. Roy, C. Kalmar, R. R. Neurgaonkar, J. R. Oliver e D. Dewing, "*A Highly Tunable Radio Frequency Filter Using Bulk Ferroelectric Materials*," 14th International Symposium on Applications of Ferroelectrics IEEE, p. 25, 2004.
[26] D. M. Kosmin, V. N. Osadchy, e A. B. Kozyrev, "*Switching Time of Bulk Ferroelectric Sandwich Varactors*," 17th International Crimean Conference Microwave & Telecommunication Technology, p. 533, 2007.
[27] J. B. L. Rao, D. P. Patel, e V. Krichevsky, "*Voltage-Controlled Ferroelectric Lens Phased Arrays,*" IEEE Transactions on Antennas and Propagation, vol. 47, p. 458, 1999.
[28] O. G. Vendik, E. K. Hollmann, A. B. Kozyrev, e A. M. Prudan, "*Ferroelectric Tuning of Planar and Bulk Microwave Devices*", Journal of Superconductivity, vol. 12, pp. 325-338, 1999. 12, pp. 325-338, 1999.
[29] L. Sengupta e S. Sengupta, "*Novel Ferroelectric Materials for Phased Array Antennas*", IEEE Transactions on Ultrasonics, Ferroelectrics and Frequency Control, vol. 44, pp. 792797, 1997.
[30] K. S. K. Yeo, W. F. Hu, M. J. Lancaster, B. Su, e T. W. Button, "*Thick Film Ferroelectric Phase Shifters Using Screen Printing Technology*," 34th European Microwave Conference, 2004, pp. 1489-1492.
[31] W. Hu, D. Zhang, M. J. Lancaster, K. S. K. Yeo, T. W. Button e B. Su, "*Cost Effective Ferroelectric Thick Film Phase Shifter based on Screen-Printing Technology*," IEEE MTT- S International Microwave Symposium Digest, pp. 591-594, 2005.
[32] W. Hu, D. Zhang, M. J. Lancaster, T. W. A. B. T. W. Button, e B. A. S. B. Su, "*Investigation of Ferroelectric Thick-Film Varactors for Microwave Phase Shifters*", Microwave Theory and Techniques, IEEE Transactions on, vol. 55, pp. 418-424, 2007.
[33] P. Scheele, S. Muller, C. Weil, e R. Jakoby, "*Phase-shifting Coplanar Stubline-Filter on Ferroelectric-Thick Film,*" 34th European Microwave Conference, vol. 3, pp. 1501-1504, 2004.
[34] W. T. Chang, S. W. Kirchoefer, J. A. Bellotti, e J. M. Pond, "*(Ba,Sr)TiO3Ferroelectric Thin Films for Tunable Microwave Applications*," Revista Mexicana De Fisica, vol. 50, pp. 501505, 2004.
[35] C. L. Chen, J. Shen, S. Y. Chen, G. P. Luo, C. W. Chu, F. A. Miranda, F. W. V. Keuls, J. C. Jiang, E. I. Meletis, e H. Y. Chang, "*Epitaxial Growth of Dielectric BSTO Thin Film on MgO for Room Temperature Microwave Phase Shifters*," Applied Physics Letters, vol. 78, pp. 652-654, 2001.
[36] J. Kim, I. K. Yu, S. J. Lee, e K. Y. Kang, "*Growth and Characterization of BSTO and*

YBCO/BSTO Thin Films on MgO (100) Substrates," Journal of the Korean Physical Society, vol. 32, pp. 183-185, 1998.
[37] J. Zhang, H. Zhang, K. J. Chen, S. G. Lu e Z. Xu, "*Microwave Performance Dependence of BST Thin Film Planar Interdigitated Varactors on Different substrates*," in 2nd IEEE International Conference on Nano/Micro Engineered and Molecular Systems, 2007, pp. 678-682.
[38] S. J. Fiedziuszko, I. C. Hunter, T. Itoh, Y. Kobayashi, T. Nishikawa, S. N. Stitzer, e K. Wakino, "*Dielectric Materials, Devices, and Circuits*", IEEE Transactions on Microwave Theory and Techniques, Vol.50,No. 3,706-720,2002.
[39] J. M. Laheurte, L.P. B. Katehi, G. M Rebeiz, "*CPW-fed slot antennas on multilayer dielectric substrates,*" IEEE Transactions on Antennas and Propagation, Vol.44,No. 8,1102-1111, 1996.
[40] K. M. Luk e K. M. Leung, "*Dielectric Resonator Antennas*," Research Studies Press LTD. Inglaterra, 2003.
[41]https://www.fcc.gov/wireless/bureau-divisions/broadband-division/wireless-communications-service-wcs

Capítulo V

Análise numérica e experimental de antenas de microfita em miniatura

1. Introdução

Os componentes ativos e passivos de micro-ondas ийНзёз na produção de modernos dispositivos individuais de tëlëcomunicação estão a experimentar um progresso significativo e gradual no campo da sua miniaturização de tamanho. No entanto, a superfície da antena, considerada como o principal elemento de transmissão e receção de sinais, ainda ocupa o maior volume nos sistemas de comunicação sem fios. A redução do tamanho da antena aumenta a sua frequência de ressonância e a sua largura de banda torna-se ëйюНс e vice-versa.

Diversas ëtudes têm ëlë rëalisëes até o momento para a miniaturização de antenas; entre essas ëtudes está a técnica de estrutura padrão de plano de terra (DGS). Várias formas de plano de terra foram ëlë ëtudiëadas na literatura científica com diferentes estruturas DGS. Para a antena impressa monopolar, o trabalho consiste em modificar as linhas de excitação, bem como reduzir a área de superfície do plano de terra para criar uma inhomogënëitë no movimento das ondas ëlectromagnëticas.

Neste capítulo, duas antenas de microfita são fabricadas e testadasë para aplicações em redes locais sem fio (WLAN). O estudo da primeira antena com largura de banda estreita serëe discutido na secção 4, enquanto a outra com largura de banda larga será apresentada na secção 5. É utilizada a técnica DGS, cujo objetivo é conseguir a miniaturização de antenas de microfita; a estrutura do plano de terra utilizada tem uma forma "L-inverso".

No final das secções 4 e 5, é feito um estudo paramétrico completo para procurar o melhor desempenho da antena de microfita.

2. Rede local sem fios (WLAN)

Na sequência de uma decisão tomada em 1985 pela Comissão Federal de Comunicações (FCC) dos EUA, a norma 802.11 ou Wi-Fi ël.ë surgiu com a abertura de várias bandas de espetro sem fios.

O IEEE 802.11 é um protocolo padrão para sistemas de rede local sem fios (WLAN). A norma IEEE 802.11a considera os espectros de frequência; 5,15-5,35 GHz e 5,725-5,825 GHz como a banda do ëtransmissor-rëceiver e a banda do recetor, respetivamente. Além disso, a norma IEEE 802.11bg é adequada para 2,4 GHz (2,4-2,484 GHz) para redes locais sem fios.

O IEEE 802.11a opera nas bandas de 5 GHz disponíveis e emprega as bandas de frequência mais ëlevëes que são predominantemente utilizadas na rede, devido ao seu custo mais ëкуë.

3. Processo de produção e medição

3.1. Processo de fabrico de circuitos impressos pelo método da fotogravura

As antenas de microfita fabricadas no trabalho deste capítulo são circuitos impressos de dupla face cujo substrato é um material dielétrico FR4.

Entre os métodos utilizados para o fabrico de circuitos impressos encontra-se o método da fotogravura, que se baseia em quatro etapas essenciais:

a) Imprimir esquemas de apresentação

Para a interface do software CST, os dois planos de conceção da antena são exportados para o software Autocad sob a forma 2D de um ficheiro com extensão .DXF (figura V.1) e impressos (com um formato 1x1) numa folha transparente (duas máscaras).

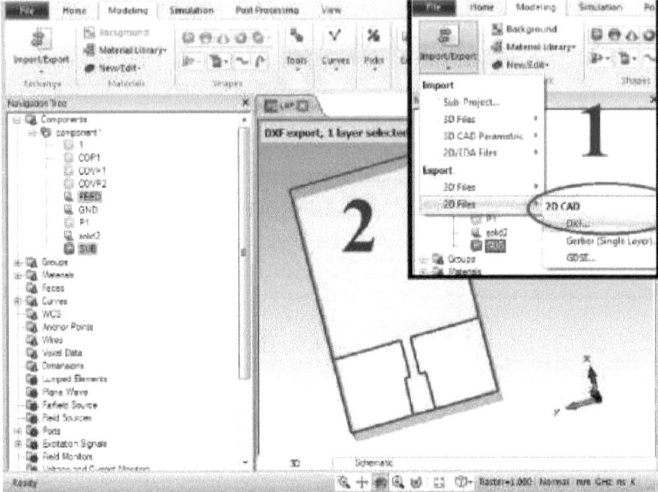

Figura V.1: Exportação de um ficheiro de extensão DXF através da interface do software CST.

b) Isolamento do circuito impresso de dupla face protegido pelas duas máscaras com raios UV (Figura V.2).

c) Revelação da placa epoxídica exposta à luz numa solução de NaOH para ser revelada.

d) Gravura da placa num banho de percloreto de ferro, que remove o cobre não protegido.

Figura V.2: Isolador UV para circuitos impressos.

e) **1.1 Escolha do substrato**

O substrato é um suporte matërial para a antena de microfita, entre os critérios para a escolha de um substrato podem ser mencionados:

- A técnica de revelação utilizada (fotogravura, gravação a laser, impressão sobre cobre nu, etc.).
- Os valores da constante dieléctrica e da perda.
- Espessura h.

- Custo e disponibilidade.

f) 1.2 Conector SMA

O conetor SMA (SubMiniature version A) é muito utilizado para caraterizar os dispositivos de micro-ondas. Trata-se de um conetor coaxial com uma impedância caraterística de 50 Q (ver figura V.3).

Figura V.3: Conectores SMA. [1,2]

3.2. Equipamento de medição utilizado

3.2.1. Analisador de rede vetorial

Para medir os parâmetros de dispersão (por exemplo, o coeficiente de reflexão, s_{11}) das antenas de microfita, utilizámos dois tipos diferentes de analisadores vectoriais de rede:

a) O N5224A está disponível no centro CDTA (Centre de Dëveloppement des Technologies Avancëes) em Baba Hassen, Argel.

b) O Agilent 8719ES na escola EMP (Ecole Militaire Polytechnique) em Bordj El Bahri, Argel.

c) Analisador de rede PNA N5224A [3]

O PNA N5224A (Figura V.4), instrumento de medição de elevado desempenho da Keysight, é um analisador de rede vetorial que inclui um conjunto de teste de parâmetros S integrado, unidade SSD, rato, teclado (estilo americano), interfaces USB e um ecrã tátil LCD de 10,4 polegadas. O N5224A possui portas de teste robustas de 2,4 ohm a 50 ohm. O N5224A tem uma gama de frequências de varrimento de 10 MHz a 43,5 GHz, o que é mais do que suficiente para as aplicações de micro-ondas no nosso estudo.

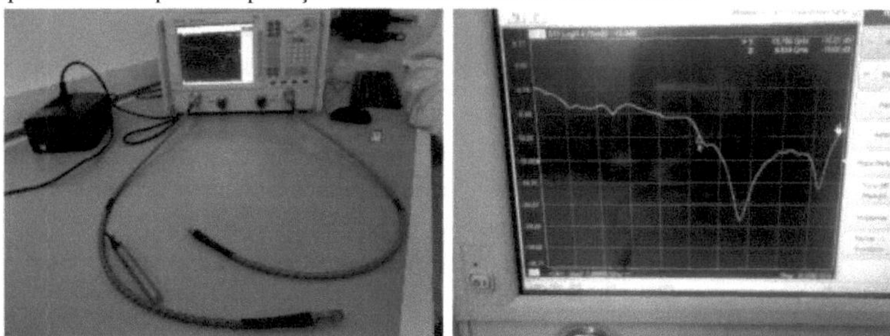

Figura V.4: O analisador de rede PNA N5224A.

d) Analisador de rede Agilent 8719ES [4]

O analisador de rede vetorial Agilent 8720ES da Keysight (Figura V.5) permite uma caraterização abrangente de componentes de RF e micro-ondas. O Agilent 8720ES inclui uma fonte sintetizada integrada, um conjunto de teste e um recetor sintonizado. O conjunto de teste de parâmetros S integrado fornece uma gama completa de medições de módulo e fase nas direcções direta e inversa.

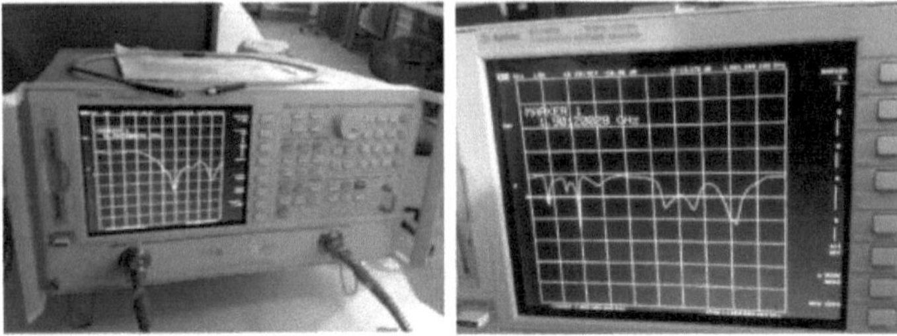

Figura V.5: O analisador de rede Agilent 8719ES.

e) Caraterísticas técnicas dos analisadores N5224A e 8719ES

As caraterísticas técnicas dos dois analisadores de rede N5224A e 8719ES são apresentadas no quadro V. 1.

Quadro V.1: Caraterísticas técnicas dos analisadores de rede N5224A e 8719ES [5,6].

Caraterísticas	N5224A	8719ES
Frequência mínima/máxima	10 MHz/43,5 GHz	50 MHz/13,5 GHz
Gama dinâmica	127 dB	100 dB
Potência de saída	13 dBm	10 dBm
Traço de ruído	0,003 dBrms	-
Número de portas integradas	2 ou 4 portas	2 portos
Harmónicas	-60 dBc	-
Nível de ruído	-114 dBm	-
Melhor velocidade a 201 pontos, 1 varrimento	5,5 ms	-
Aplicações	Parâmetros S Medições de equilíbrio Materiais Impulso de RF	Parâmetros S Medições do balanço de impulsos de RF
Componentes	Antenas Misturador / conversor de frequência Amplificadores	Antenas Amplificadores
Ecrã tátil	Sim	Não

f) Calibração do analisador N5224A

Com uma calibração prévia precisa na configuração da gama de frequências, o analisador de rede pode fornecer resultados gráficos em termos do coeficiente de reflexão s_{11} da antena em ensaio em função da frequência. O analisador de rede pode também fornecer a medida s_{21} utilizando uma das suas portas como transmissão e a outra como reflexão.

A calibração do analisador de rede vetorial N5224A é efectuada automaticamente pelo módulo de calibração eletrónica N4691B (ver figura V.6).

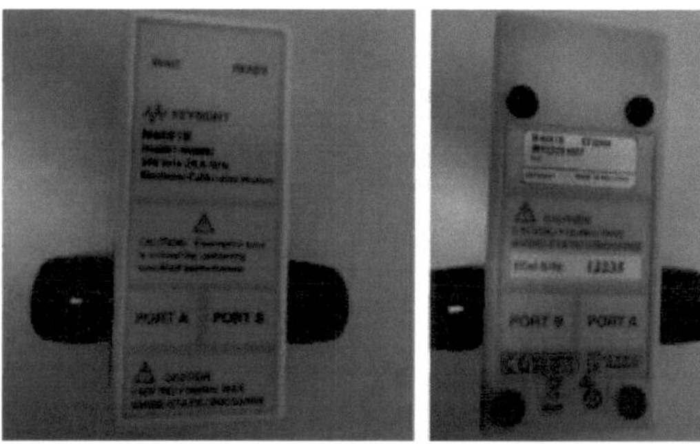

Figura V.6: Módulo de calibração eletrónica N4691B.

O módulo N4691B deve ser ligado entre duas portas (A e B) do analisador de rede através de duas sondas de alta frequência, como mostra a Figura V.7. Após configurar a gama de frequências e o número de iterações utilizadas durante as medições da antena, pode iniciar-se a operação:

- Um LED "WAIT" acende-se durante o teste de calibração e é aplicado um varrimento mais rápido aos padrões de reflexão (OPEN, SHORT, LOAD) ligados à porta da fonte a calibrar.
- Após alguns minutos (entre 3 e 5 minutos), a calibração termina com o LED "READY" (pronto) a acender-se.

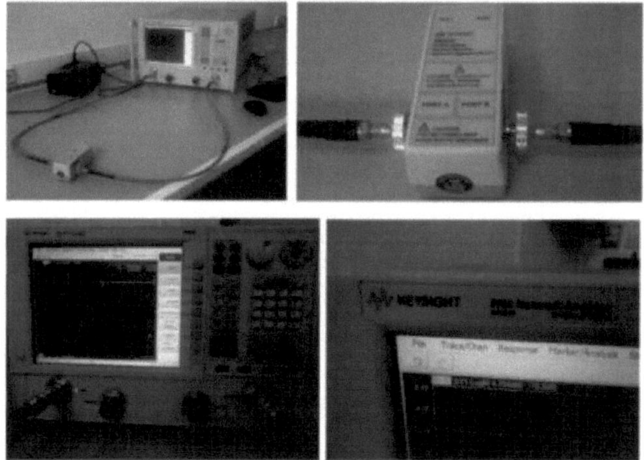

Figura V.7: Calibração do analisador N5224A pelo módulo N4691B.

3.2.2. A câmara anecóica [7]

Neste capítulo, as caraterísticas de radiação da antena de microfita foram ë1.ë medidas em uma câmara anecóica eletromagnética usando um sistema de medição de antena de campo distante.

A figura V.8 mostra uma vista interior da câmara anecóica do laboratório de micro-ondas do Institut Nationale de la Recherche Scientifique (INRS), Montreal - Canadá.

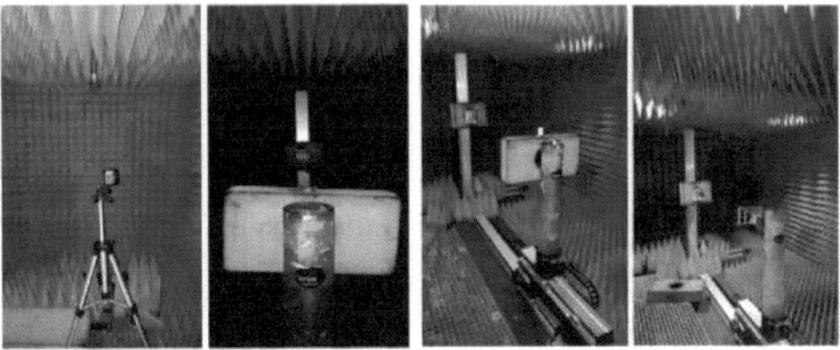

Figura V.8: Vista interior de uma câmara anecóica no INRS. [8]

As câmaras anecóicas desenvolvidas para os ensaios no exterior são utilizadas para caraterizar o desempenho da antena em termos de radiação. O ensaio é efectuado no interior de uma câmara cujas paredes são revestidas com um absorvedor de RF para minimizar as interferências electromagnéticas.

A configuração apresentada na figura V.9 inclui uma antena de transmissão, um prato giratório de azimute e uma caixa de montagem da antena. Foi utilizada como antena de transmissão uma antena tipo corneta linearmente polarizada de ganho normal (gama de frequências de trabalho: 900 MHz-18 GHz). A antena a ensaiar é montada no prato giratório, afastada do transmissor. Durante a medição, o prato giratório é controlado automaticamente pelo software para rodar 360° (através de um motor de passo) e o nível de potência recebido é registado em função da fase de rotação.

É importante notar que a localização da antena medida deve estar alinhada com o centro do prato giratório, de modo a que os resultados do ensaio possam ser simétricos. Os dados medidos são registados pelo analisador de rede em função da frequência e do ângulo de azimute. Os dados são então transferidos para o computador e traçados como padrões de radiação 2D. Neste estudo, os traços 2D são obtidos para as fatias Theta (ϑ) e Phi (ϕ) para polarizações verticais e horizontais no plano de azimute.

(a)

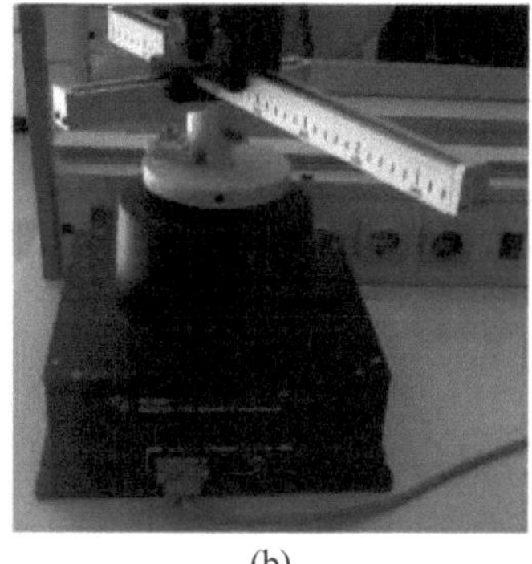

(b)

Figura V.9: (a) Configuração da câmara para medição do padrão de radiação, (b) Mesa rotativa.

4. Antena monopolar de banda estreita miniaturizada [9]

4.1. Configuração do projeto

A estrutura básica da antena consiste num patch retangular excйё por uma linha de transmissão microstrip e трпшё sobre um substrato FR-4 (;;:,■ = 4.4, tan5 = 0.02), enquanto o plano de terra é трптё do outro ladoё do substrato dielétrico, como ilustrado^ na Figura V.10.a. De forma a conseguir a miniaturização da antena, ëtudië a mesma estrutura de antena, com um plano de terra parcialmente imprimë e com uma ranhura na linha de excitação, como ilustrado na Figura V.10 (b e c) e na Figura V.10.d, respetivamente. Os detalhes dos quatro casos são os seguintes:

- **Caso 1**: uma antena monopolar retangular com um plano de terra completo.
- **Caso 2**: uma antena monopolar retangular com um plano de meia-terra impresso.
- **Caso 3**: uma antena monopolar retangular com um plano de terra impresso em forma de L invertido.
- **Caso 4**: uma antena monopolar retangular com uma ranhura na linha de excitação.

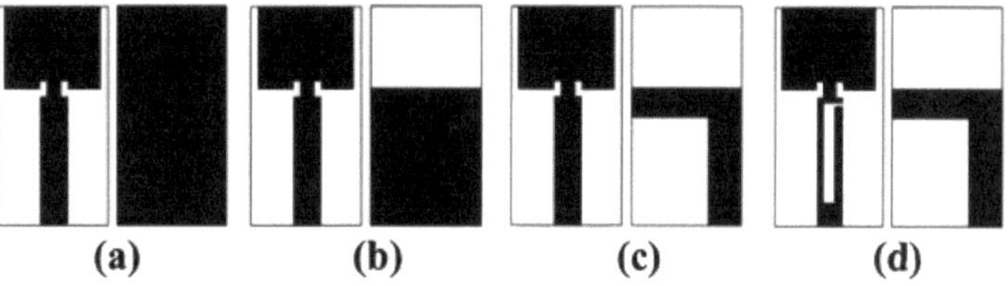

Figura V.10: A evolução do projeto da antena. (a) caso1, (b) caso2, (c) caso3, (d) caso4.

Os quatro modelos são simulados no ambiente CST Microwave Studio. Os coeficientes de reflexão simulados para estes casos são apresentados na Figura V.11. A partir destas curvas, o desempenho das antenas, em termos de frequência de ressonância e espetro de largura de banda, é extraído e listado na Tabela V.2. Pode ver-se nesta tabela que as frequências de funcionamento do projeto do caso 4 são deslocadas para a frequência mais baixa do espetro, em comparação com o caso 1 inicial, de 16,356 - 19,913 GHz para 5,134 - 5,684 GHz.

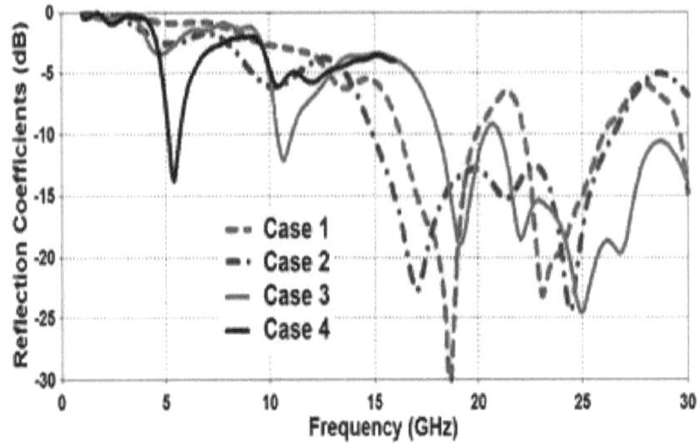

Figura V.11: Coeficiente de reflexão simulado para os quatro casos.

Tabela V.2: Resultados simulados para os quatro casos de antenas.

Antena	en (GHz)	Largura de banda (GHz)
Caso 1	18.632	16.356 - 19.913
Caso 2	17.037	14.93 - 26.488
Caso 3	10.657	10.374 - 11.056
Caso 4	5.38	5.134 - 5.684

4.2 Geometria da antena

As dimensões óptimas da antena final, mostradas na Figura V.12, estão resumidas na Tabela V.3.

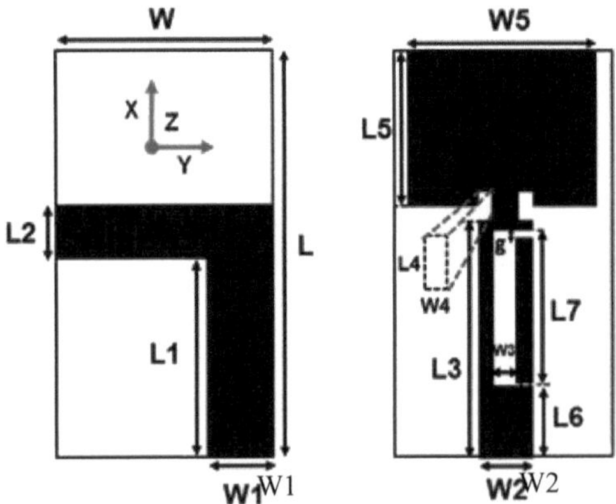

Figura V.12: Gëomëtrie do projeto final.

Tabela V.3: Dimensões óptimas da antena proposta.

parâmetro	(mm)	parâmetro	(mm)	parâmetro	(mm)
W	8	W5	7	L4	1
W1	2.5	L	14.5	L5	5.5
W2	2	L1	7	L6	2.5
W3	0.8	L2	2	L7	5.5
W4	0.5	L3	8.5	g	0.1

4.3. Estudo paramétrico

Para analisar o efeito da permissividade do substrato, das dimensões da linha de excitação e da abertura (paramëtre g), da gëomëtrie do plano de terra e da gëomëtrie do patch no desempenho da antena, é realizado um ëtude paramétrico pelo mesmo software de simulação desta secção, atuando sobre os paramëtres da Tabela V.3.

4.3.1. Efeito da permissividade do substrato

O efeito da permissividade no coeficiente de reflexão é mostrado na Figura V.13. A partir das curvas nesta figura, pode-se ver claramente que o aumento da permissividade do substrato pode dëcalar a frequência de ressonância da antena de microfita para a esquerda (em direção às frequências mais baixas).

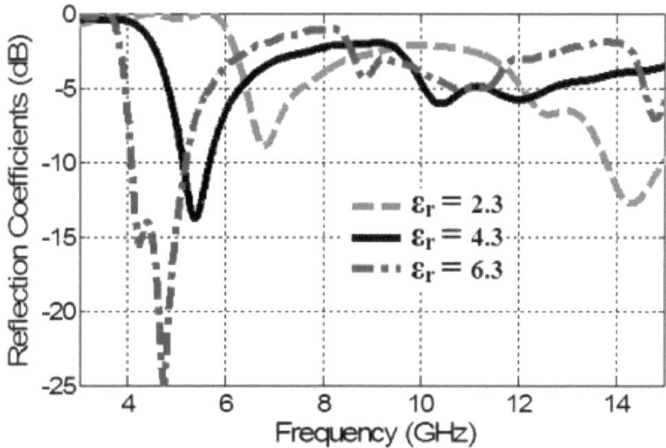

Figura V.13: Efeito da permissividade do substrato no coeficiente de reflexão.

4.3.2. Efeito da geometria da linha de excitação

As Figuras V.14 e V.15 mostram o efeito do comprimento (parâmetro L3) e da largura (parâmetro W2) da linha de alimentação microstrip, respetivamente, no coeficiente de reflexão.

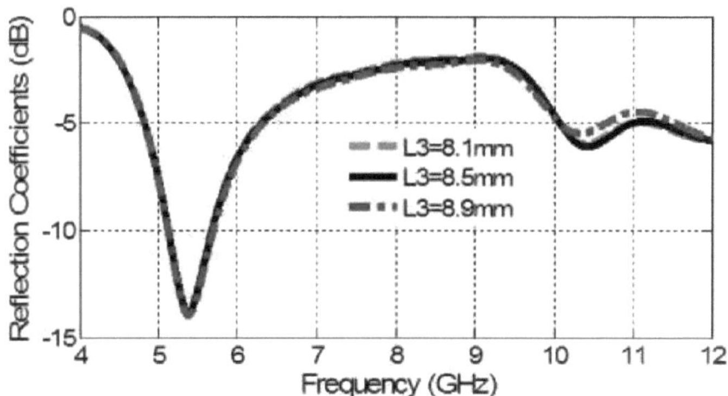

Figura V.14: Efeito do parâmetro L3 no coeficiente de reflexão.

Uma pequena variação de 0,4 mm no comprimento da linha de excitação não altera a frequência de ressonância, o que é confirmado na figura V.14, onde as três curvas são idênticas. Este facto contrasta com a largura da linha, onde se verifica uma alteração significativa da frequência de ressonância em função de uma variação de 1 mm no parâmetro W2 (Figura V.15).

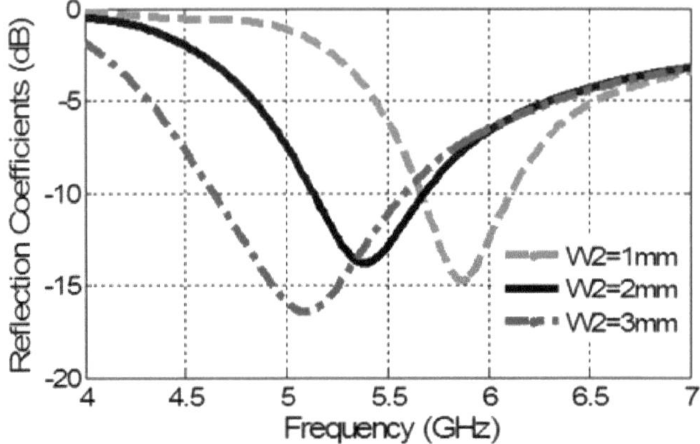

Figura V.15: Efeito do parâmetro W2 no coeficiente de reflexão.

4.3.3. Efeito da geometria da ranhura na linha de excitação

O efeito da abertura g - no nível superior da linha de alimentação - sobre o coeficiente de reflexão é ilustrado na Figura V. 16. Pode-se ver que o valor ótimo que garante que o projeto cobre a banda desejada (aplicação WLAN) é g = 0,1 mm.

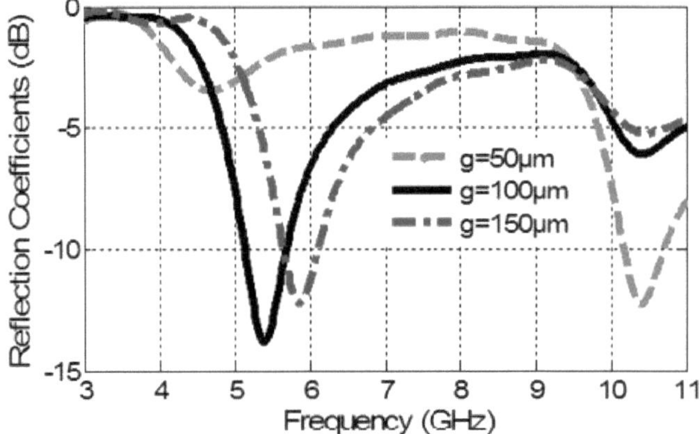

Figura V.16: Efeito do parâmetro g no coeficiente de reflexão.

O efeito da gëomëtrie da ranhura retangular interna (os paramëtres L7 e w_3) gravada na linha de alimentação- no coeficiente de reflexão é ilustrado nas Figuras V.17 e V.18. Pelas curvas destas figuras, verifica-se que o aumento da área da superfície da ranhura retangular (comprimento ou largura) provoca uma degradação da frequência de ressonância da antena de microfita.

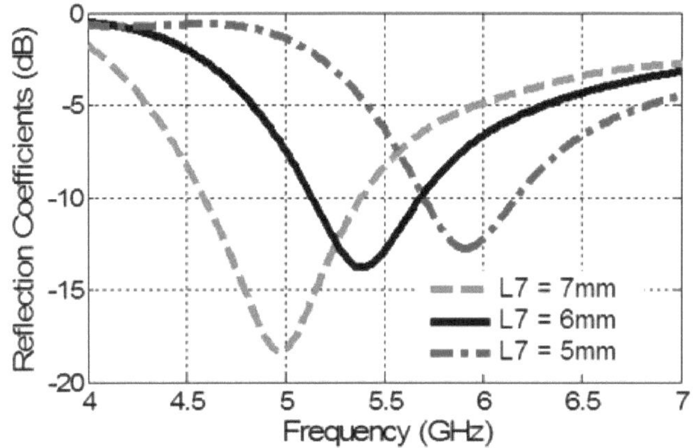

Figura V.17: Efeito do parâmetro L6 no coeficiente de reflexão

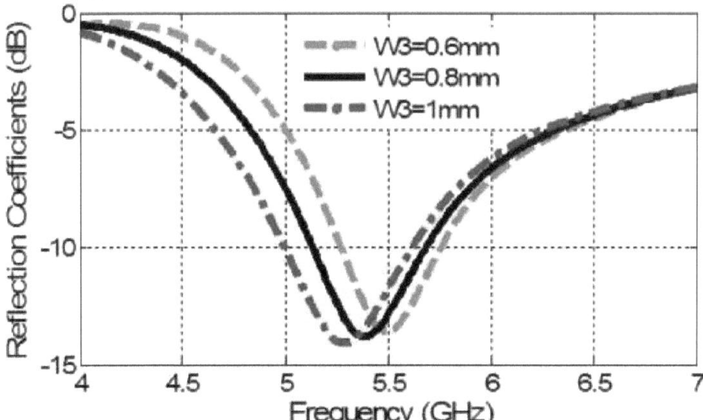

Figura V.18: Efeito do parâmetro W3 no coeficiente de reflexão

4.3.4. Efeito geométrico do elemento radiante (patch)

As figuras V. 19 e V.20 mostram o efeito do comprimento (parâmetro L_5) e da largura (parâmetro W_5) do elemento radiante (patch), respetivamente, no coeficiente de reflexão.

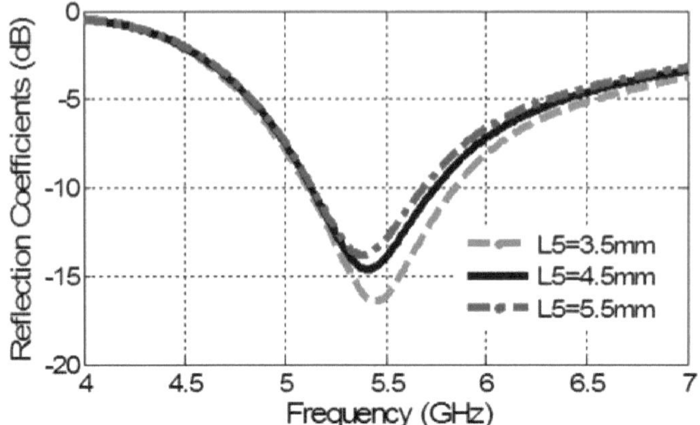

Figura V.19: Efeito do parâmetro L5 no coeficiente de reflexão

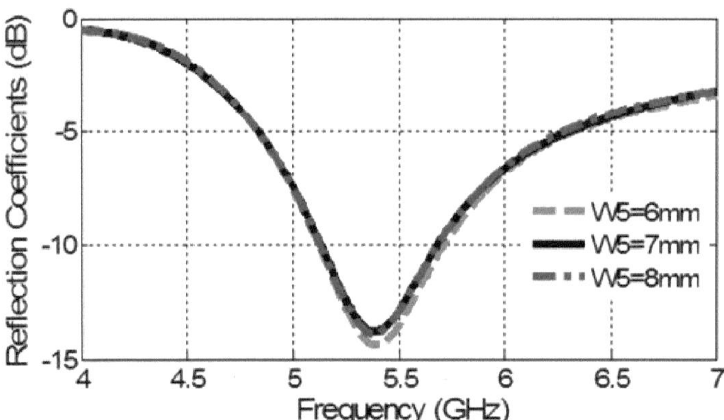

Figura V.20: Efeito do parâmetro W5 no coeficiente de reflexão.

Quando voltamos às curvas destas figuras, variando o comprimento ou a largura do elemento radiante em 1 mm, verificamos que a frequência de ressonância não é muito alterada e as curvas de cada figura são quase idênticas.

4.3.5. Efeito da geometria da planta baixa

O efeito da gc'ometria da forma "L-inversa" da placa de massa no coeficiente de reflexão é ilustrado nas Figuras V.21 e V.22.

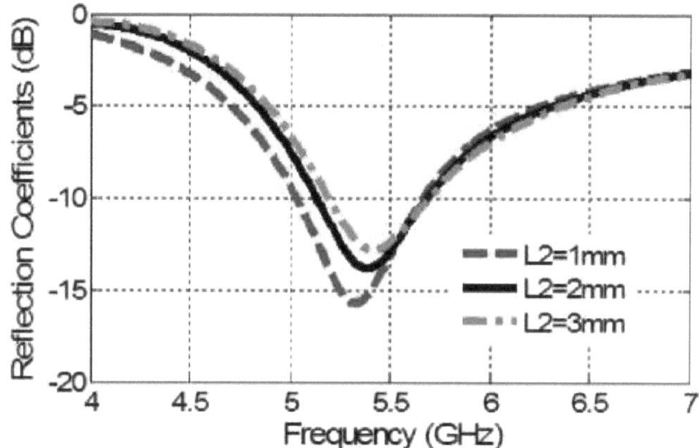

Figura V.21: Efeito do parâmetro L2 no coeficiente de reflexão.

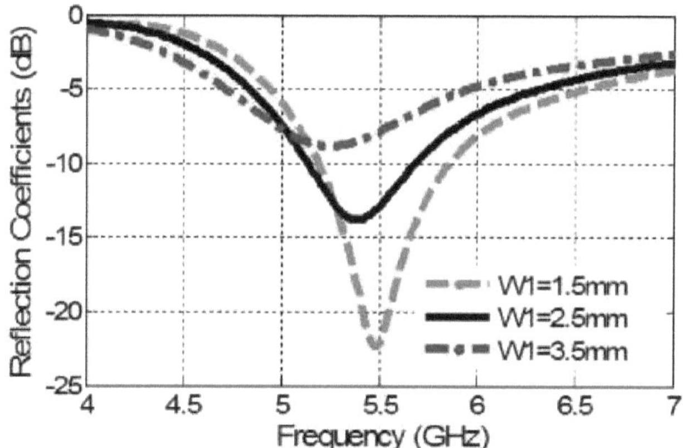

Figura V.22: Efeito de W_1 no coeficiente de reflexão.

A partir das curvas da Figura V.21, verifica-se que o aumento ou diminuição de 1 mm no comprimento do plano de terra (parâmetro L_2) não tem um efeito considerável no coeficiente de reflexão da antena proposta. Por outro lado, na Figura V.22, a mesma variação de 1 mm na largura do plano de terra (parâmetro W_1) pode modificar complementarmente a largura de banda da antena (matching).

4.4. Resultados e discussão

Para validar os resultados numéricos, a versão final da antena é fabricada e medida, como mostra a Figura V.23.

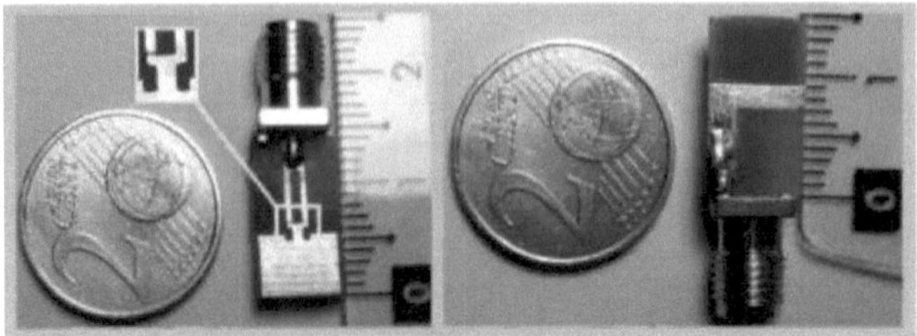

Figura V.23: Fotografia da fábrica protótipo.

4.4.1. Coeficiente de reflexão

Os coeficientes de reflexão simulados e medidos da antena proposta são plotados juntos na Figura V.24. A partir desta figura, pode-se ver que a antena monopolo retangular fornece uma largura de banda de impëdância de 4,926 GHz e 5,198 GHz (s_{11} menor que -10 dB) para as medições e entre 5,144 e 5,684 GHz para as simulações.

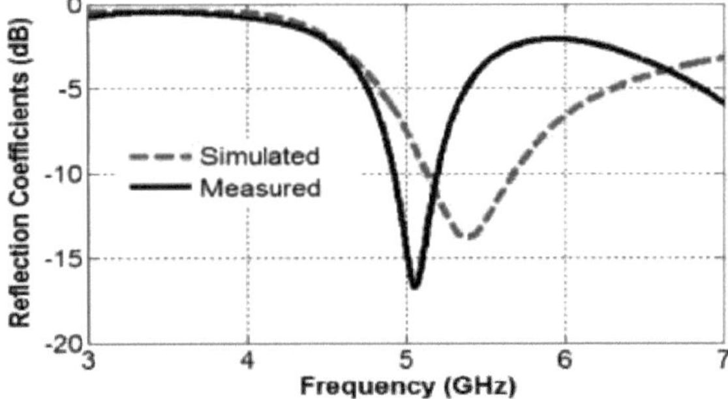

Figura V.24: Coeficiente de reflexão simulado e medido da antena proposëe.

A discrepância observada entre os resultados medidos e simulados deve-se ao efeito de uma soldadura incorrecta do conetor SMA ou a erros de ligação entre o conetor SMA e o cabo VNA (sonda HF do analisador). Os defeitos de fabrico também podem ser a causa deste desvio no resultado da medição.

A Figura V.25 mostra fotos do paramëtre s_{11} medido pelo analisador de rede vetorial N5224A.

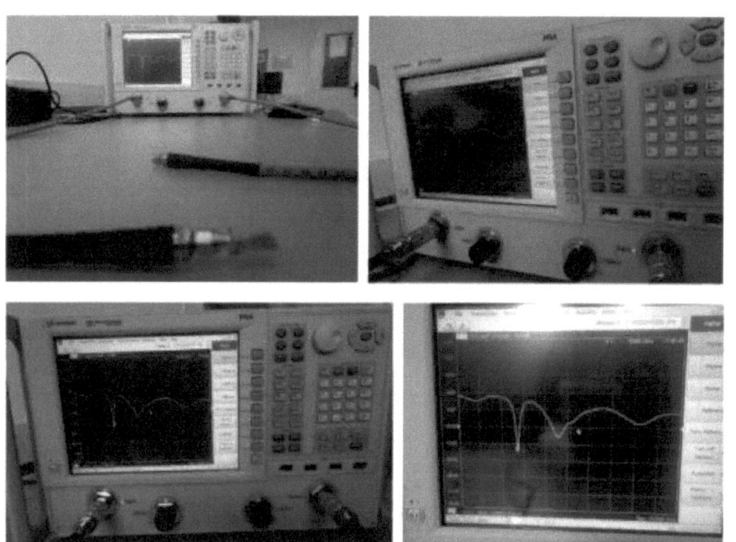

Figura V.25: Fotografias do parâmetro s_{11} medido pelo analisador de rede.

4.4.2. Distribuição das linhas de campo magnético

A Figura V.26 mostra a distribuição de campo da antena proposëe em 5,38 GHz entre os dois condutores. Nesta frequência, a intensidade de campo máxima concentra-se no lado direito do plano de terra, o seu comprimento ëeléctrico aumenta o que explica a miniaturização pela técnica DGS.

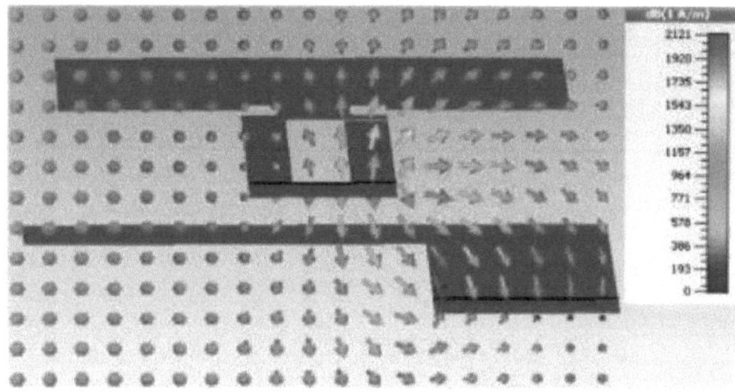

Figura V.26: Distribuição da intensidade de campo da antena proposta simulada pelo software CST
a 5,38 GHz.

4.4.3. Diagrama de radiação

Os padrões de radiação do projeto proposto são calculados nos dois planos principais (planos XZ e YZ) a uma frequência de 5,38 GHz e apresentados na Figura V.27. O padrão de radiação da antena é bidirecional no plano XZ e omnidirecional no plano YZ.

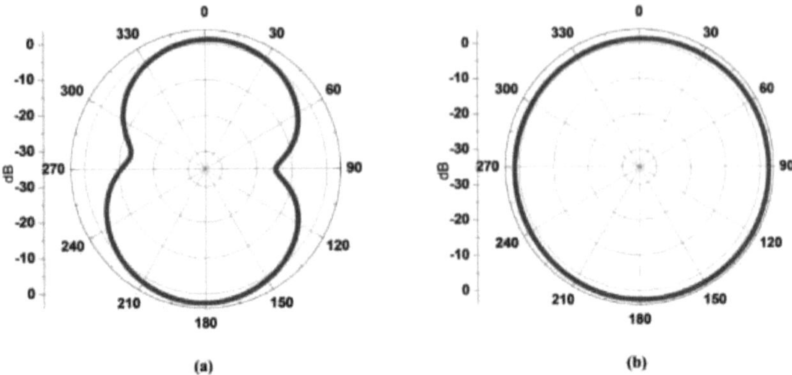

Figura V.27: Padrões de radiação simultâneos a 5,38 GHz; (a) plano XZ, (b) plano YZ.

O padrão de radiação 3D simultâneo a 5,38 GHz é apresentado na figura. V.28.

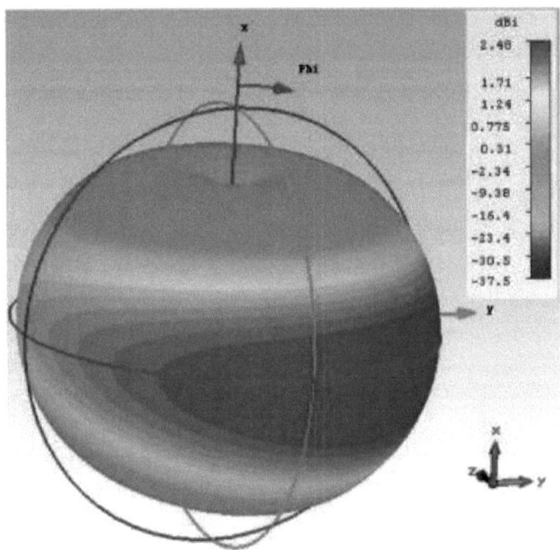

Figura V.28: O padrão de radiação 3D simultâneo a 5,38 GHz.

4.4.4. Ganho e eficiência

As figuras V.29 e V.30 mostram, respetivamente, o ganho real e a eficiência total da antena proposta simulada a 5,38 GHz. A partir das curvas destas figuras, pode concluir-se que o ganho efetivo da antena proposta é de cerca de 2,1 dBi a 5,4 GHz. Além disso, a eficiência é de quase 84,67% na frequência de ressonância.

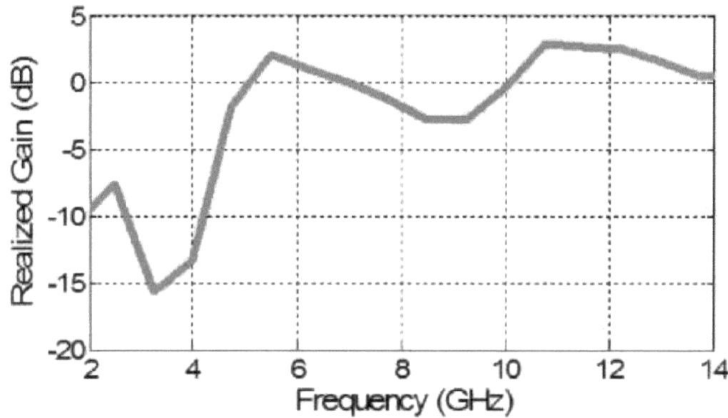

Figura V.29: Ganho de antena simulado em função da frequência.

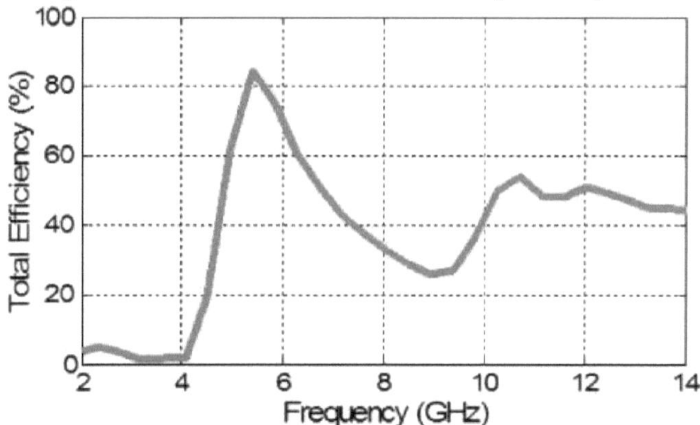

Figura V.30: Eficiência total simulada da antena em função da frequência.

5. Antena monopolar miniaturizada de banda larga [10]

Neste trabalho, é apresentada uma antena monopolar retangular impressa muito pequena e compacta. [2]O tamanho total da antena é de 10 x 6 mm e consiste num patch retangular e num plano de terra L-iinverso alimentado por uma linha de transmissão microstrip. A técnica de estrutura DGS é utilizada para conseguir a miniaturização.

5.1. Conceção da antena

O protótipo inicial é constituído por uma antena retangular impressa num substrato dielétrico com material FR-4 (Fire Retardant) com constante dieléctrica relativa ;v = 4,4, ëthickness h =1,6 mm e tangente de perdas tanS = 0,02. A linha de alimentação e o plano de terra completo são impressos acima e abaixo do substrato, respetivamente, como mostra a Fig. V.31.a. Para conseguir a miniaturização da antena, a mesma estrutura de antena é estudada com um plano de terra parcialmente impresso (L-invertido), como mostra a Fig. V.31.b.

Os pormenores dos dois casos são os seguintes:

- **Caso 1:** uma antena retangular com um plano de terra completo.
- **Caso 2:** uma antena retangular com uma estrutura DGS (em forma de L invertido).

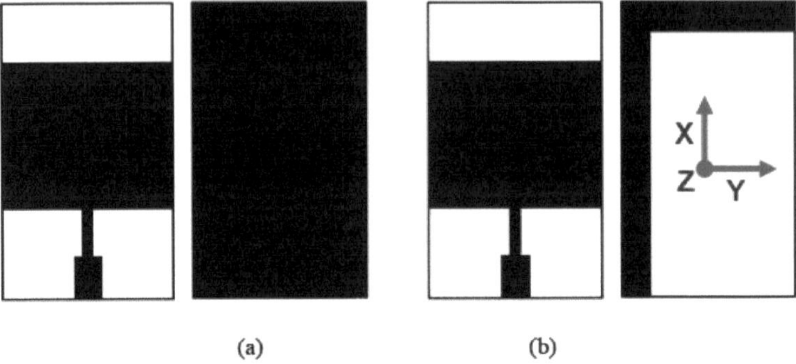

(a) (b)

Figura V.31: Conceção da antena para (a) caso1, (b) caso2.

5.2. Considerações teóricas

Para calcular analiticamente a frequência de ressonância do modo dominante, aplica-se a fórmula citada por C. Balanis em [11]:

$$f_r(\text{cas1}) = \frac{C}{2W\sqrt{\varepsilon_r}} \tag{5.1}$$

ε_r Onde; C é a celeridade, W é a largura do elemento radiante e é a permissividade relativa do substrato.

O valor de frequência obtido é de aproximadamente 12 GHz.

A estrutura da figura V.31.a é uma antena patch clássica que ressoa a meio comprimento de onda (X / 2), enquanto a mesma antena ressoa a cerca de um quarto de comprimento de onda (1 / 4) quando o plano de terra é reduzido a uma forma invertida em L (figura V.31.b). Isto explica o facto de a frequência de ressonância no caso 1 ser quase o dobro da obtida no caso 2, como mostra a figura V.32.

Para a antena monopolar de plano de terra modificada, a frequência de ressonância pode ser dada pela seguinte expressão [12]:

$$f_r(\text{cas2}) = \frac{C}{4W\sqrt{\varepsilon_r}} = \frac{f_r(\text{cas1})}{2} \tag{5.2}$$

O novo valor calculado para a frequência de ressonância é fechado em 5,96 GHz.

5.2. Análise numérica

Para comparar o desempenho dos diferentes casos de antena, ambos os projectos foram simulados utilizando o software CST Studio. Todas as caraterísticas electromagnéticas (coeficiente de reflexão, largura de banda, padrão de radiação, ganho e eficiência de radiação) são analisadas e discutidas nesta secção.

5.2.1. Coeficiente de reflexão

O coeficiente de reflexão para os dois casos é apresentado na Figura V.32.

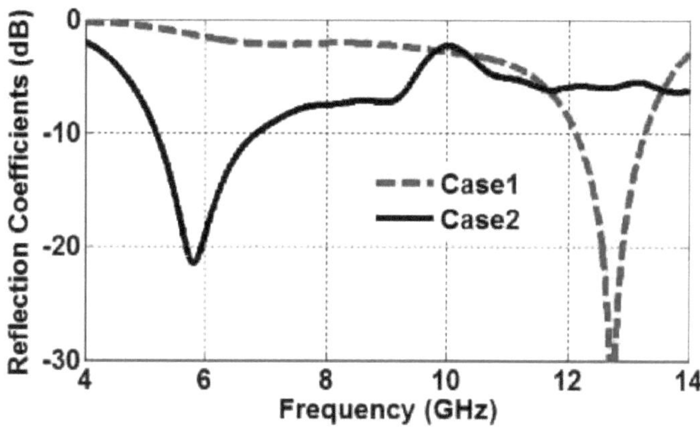

Figura V.32: Coeficientes de reflexão simulados para os dois casos.

A partir destas curvas, o desempenho das antenas, em termos de frequência de ressonância e espetro de largura de banda, é extraído e listado na Tabela V.4. Pode ver-se nesta tabela que a frequência de funcionamento da conceção do Caso 2 é deslocada para a frequência mais baixa em comparação com a conceção inicial, de 12,1 - 13,3 GHz para 5,2 - 6,8 GHz. O fator de miniaturização é identificado por 2,18. Observa-se também na Tabela V.4 que a largura de banda aumenta ainda mais de 1,12 GHz para 1,65 GHz, com uma diferença de 531 MHz. Esta melhoria deve-se ao efeito da impedância de entrada e do fluxo de corrente da antena.

Tabela V.4: Resultados simulados para dois casos de antenas.

Antena	$_{en}$ (GHz)	Largura de banda (GHz)	BW %(GHz)	Ganho/Eficiência total (dBi/%)
Caso 1	12.74	12.13 - 13.25	8.82(1.12)	4.58/70.62
Caso 2	5.82	5.2 - 6.85	28.4(1.65)	2.34/97.55

5.2.2. Diagrama de radiação

Os padrões de radiação simulados das duas antenas são apresentados na Figura V.33 nas suas frequências de ressonância (a 12,7 GHz para o caso 1 e a 5,8 GHz para o caso 2). A partir desta figura, pode ver-se que a curva de radiação no caso 2 é melhorada em comparação com o primeiro caso.

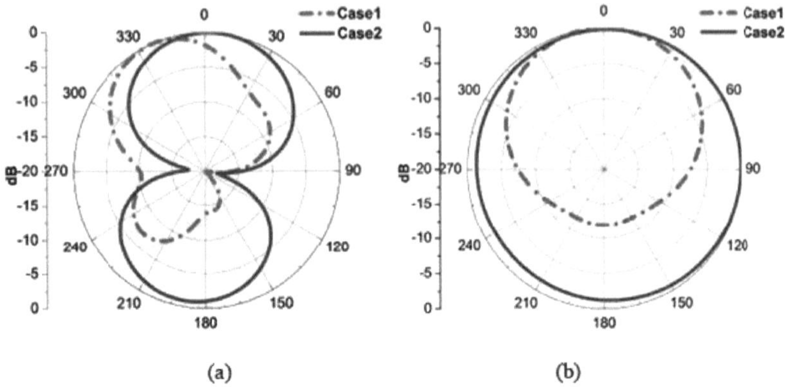

Figura V.33: Padrão de radiação simulado para os dois casos em; (a) Plano XZ, (b) Plano YZ.

Os padrões de radiação 3D simulados das duas antenas são mostrados na Figura V.34 nas suas frequências de ressonância.

Na figura V.34.a, a estrutura é constituída por uma antena de retalho em que o plano de terra está completamente enterrado na parte inferior do substrato. Neste caso, a antena irradia apenas na direção +z, devido à reflexão das ondas electromagnéticas na placa de massa. Com a presença do conetor SMA, a radiação da antena patch é concentrada na sua região. No entanto, para o projeto final em que o plano de terra é parcialmente removido, permitindo a radiação em ambas as direcções + z e -z (sem reflexão), é evidente que não existe este phënomëne de inclinação (ver Figura V.34.b).

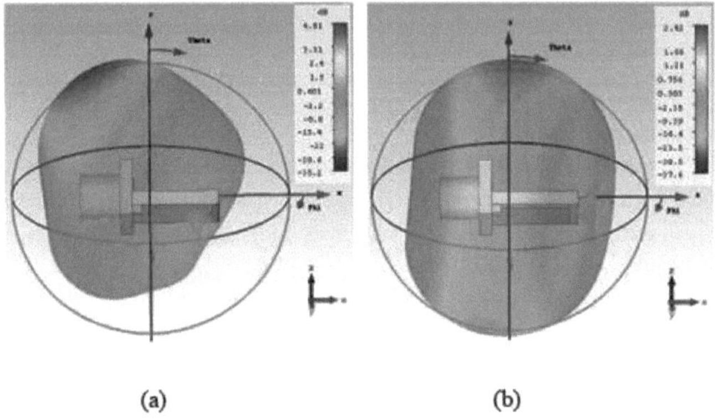

Figura V.34: Padrão de radiação 3D simulado para; (a) casl, (b) cas2.

5.2.3. Ganho e eficiência

As Figuras V.35 e V.36 mostram o ganho simulado реяНзё e a eficiência total para os dois casos, respetivamente.

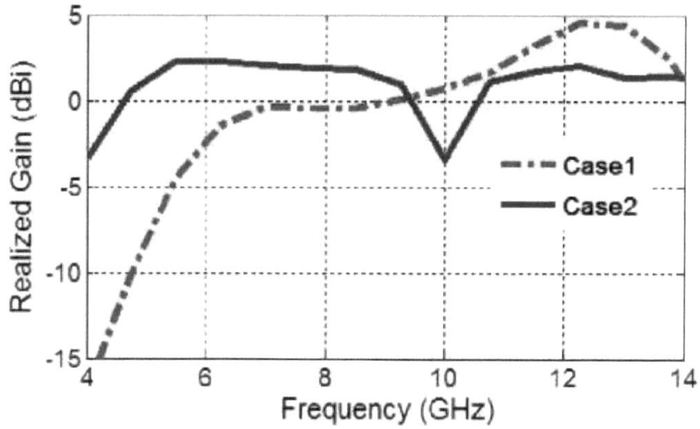

Figura V.35: Ganho rëяH3ë simute para ambos os casos.

A partir das curvas da Figura V.35, pode ver-se que o ganho no caso 2 é de 2,34 dBi a 5,8 GHz e é quase reduzido para metade em comparação com o caso inicial. De acordo com a Figura V.36, a eficiência máxima para o caso 1 é de 70,62% a 12,5 GHz e de 97,55% a 6 GHz para o caso 2. Este aumento pode ser explicado pela configuração da antena monopolar, onde a perda dieléctrica do substrato não desempenha um papel importante.

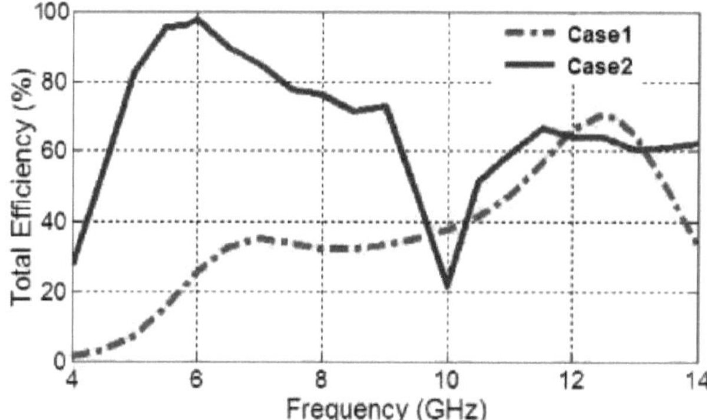

Figura V.36: Eficiência simulada para os dois casos.

5.2.4. Distribuição no terreno

A distribuição do campo magnético do projeto original e do novo projeto entre os dois condutores é abordada e mostrada na Figura V.37 nas suas frequências de ressonância.

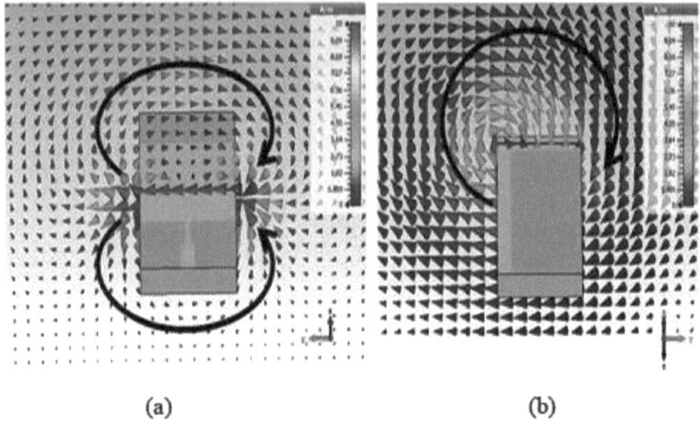

Figura V.37: Distribuição do campo magnético simulado para: (a) caso 1 a 12,7 GHz e (b) caso 2 a 5,8 GHz.

Na Figura V.37.a, a distribuição do campo magnético é homogénea, com as linhas de campo a surgirem de um lado do substrato e a deslocarem-se para a outra extremidade, propagando-se para cima e para baixo do patch em direção ao plano de terra global. Por outro lado, para o plano de terra parcial (Figura V.37.b), as linhas de campo tomam apenas uma direção, com um percurso longo, pelo que o comprimento de onda aumenta, o que explica a miniaturização pela técnica DGS.

5.3. Geometria da antena

As dimensões óptimas da antena final são mostradas na Figura V.38 e resumidas na Tabela V.5.

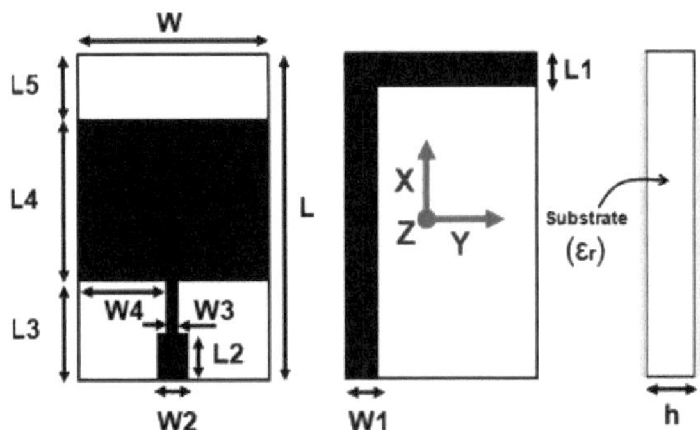

Figura V.38: Geometria da conceção final.

Tabela V.5: Dimensões óptimas da antena proposta.

parâmetro	valor (mm)	parâmetro	valor (mm)	parâmetro	valor (mm)
L	10	L1	1	L2	1.5
L3	3	L4	5	L5	2
W	6	W1	1	W2	1
W3	0.4	W4	2.8	h	1.6

5.4. Estudo paramétrico

Antes de fabricar o protótipo, foi efectuada uma análise do desempenho da antena proposta para obter os melhores resultados de otimização. O mesmo software é utilizado para estudar o efeito da permissividade e o efeito da geometria do plano de terra em forma de L invertido, da linha de alimentação e da geometria do elemento radiante no desempenho da antena.

5.4.1. Efeito da permissividade do substrato

O efeito da permissividade no coeficiente de reflexão da antena proposta é mostrado na Figura V.39. A partir das curvas nesta figura, pode-se dizer que nenhuma mudança na frequência de risonância é notada com o aumento da permissividade do substrato, mas apenas o valor do coeficiente de reflexão é modificado (correspondência da antena).

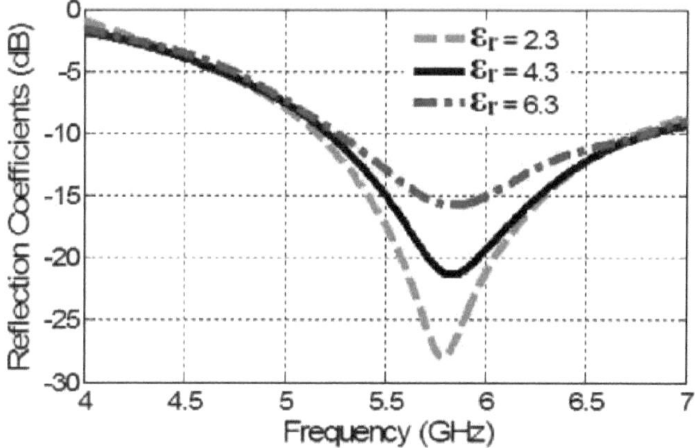

Figura V.39: Efeito da permissividade do substrato no coeficiente de reflexão.

5.4.2. Efeito da geometria da linha de excitação

O efeito da gyometria da linha de alimentação (comprimento L2 e largura w3) no coeficiente de reflexão é mostrado nas Figuras V.40 e V.41.

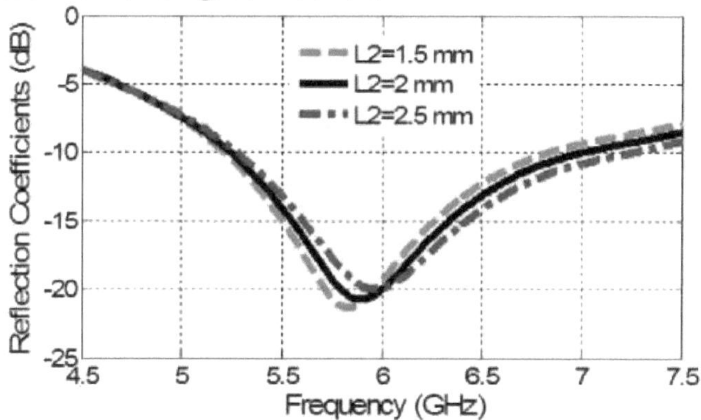

Figura V.40: Efeito do parâmetro L2 no coeficiente de reflexão.

A partir das curvas nestas figuras, pode-se ver que os dois parâmetros não têm um grande efeito sobre o coeficiente de reflexão da antena proposta.

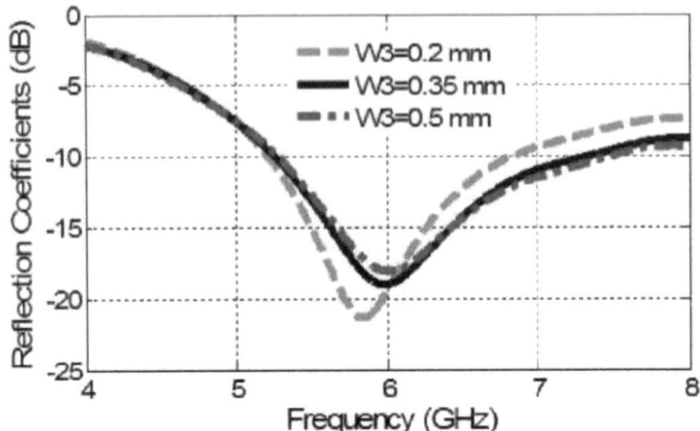

Figura V.41: Efeito do parâmetro W3 no coeficiente de reflexão.

5.4.3. Efeito geométrico do elemento radiante (patch)

As figuras V.42 e V.43 mostram o efeito do comprimento (parâmetro L4) e da largura (parâmetro W) do elemento radiante, respetivamente, no coeficiente de reflexão.

Um aumento de 2 mm no comprimento da mancha pode deslocar a frequência de ressonância para a direita (ver figura V.42). O oposto é verdadeiro para a Figura V.43, onde um aumento de 2 mm na largura W faz com que a frequência de ressonância se desloque para a esquerda.

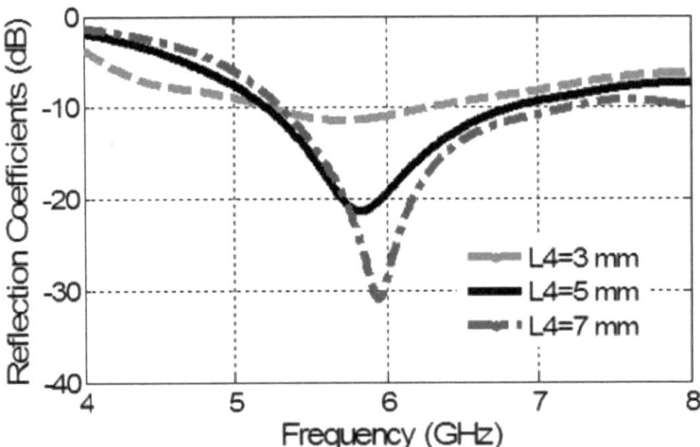

Figura V.42: Efeito do parâmetro L4 no coeficiente de reflexão.

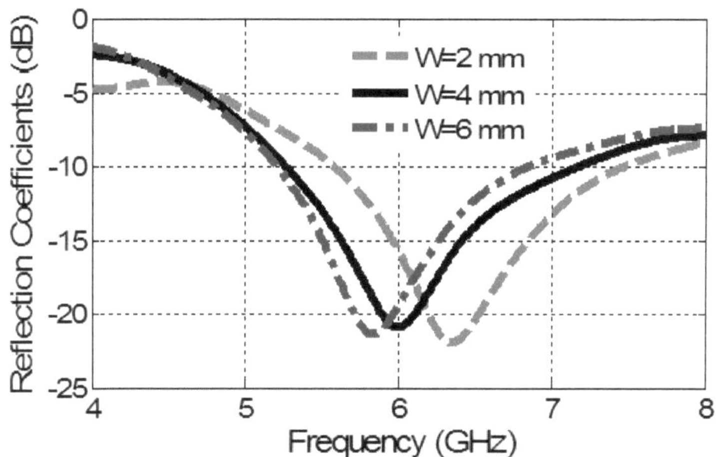

Figura V.43: Efeito do parâmetro W no coeficiente de reflexão.

5.4.4. Efeito da geometria da planta baixa

As Figuras V.44 e V.45 mostram o efeito do comprimento e da largura da placa de terra em forma de I invertido no coeficiente de reflexão. Estas curvas mostram claramente que, para obter uma frequência de ressonância centrada em 5,8 GHz (dedicada à aplicação WLAN), deve ser escolhido o comprimento I1 = 1 mm e a largura W1 = 1 mm. Também notamos que o efeito da largura W1 é maior do que o do comprimento L1, no coeficiente de reflexão da antena proposta.

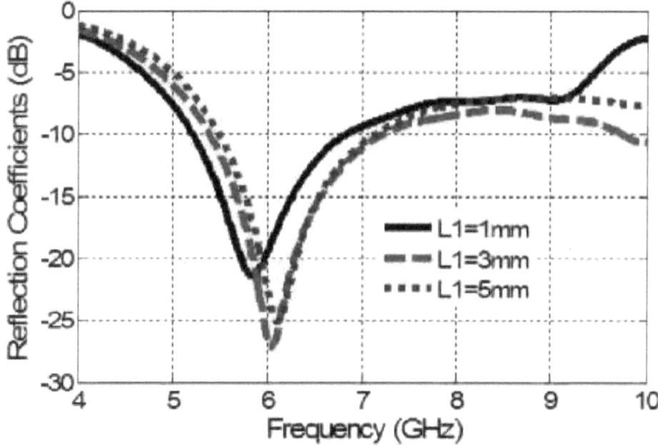

Figura V.44: Efeito do parâmetro L1 no coeficiente de reflexão.

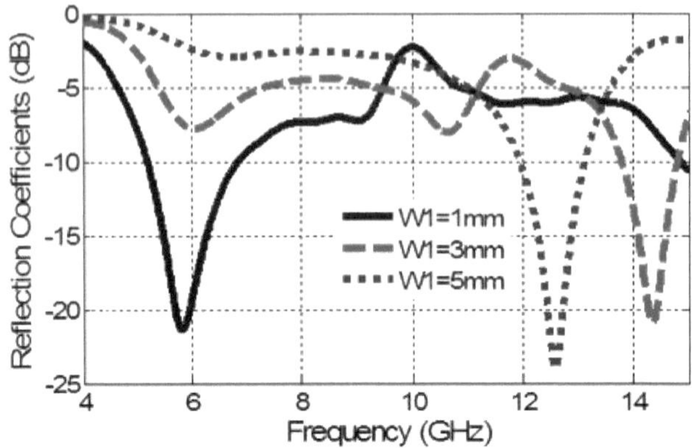

Figura V.45: Efeito de W1 no coeficiente de reflexão.

5.5. Resultados das medições e discussão

Para analisar expërimentalmente as caraterísticas ëlectromagnëticas do projeto da antena proposta, a antena final da antena a ël.ë iabriquee (a Figura V.46 mostra a fotografia do protótipo fabricado) e testada usando um analisador de rede vetorial Agilent 8719ES.

Figura V.46: Fotografia da fábrica protótipo.

5.5.1. Coeficiente de reflexão

Os coeficientes de reflexão simulados e medidos da antena proposta são apresentados na Fig. V.47. Pode ver-se nesta figura que a antena monopolar retangular proporciona uma ampla largura de banda entre 5,26 GHz e 6,28 GHz para os resultados medidos (coeficiente de reflexão inferior a -10 dB) e entre 5,2 GHz e 6,85 GHz para os resultados simulados.

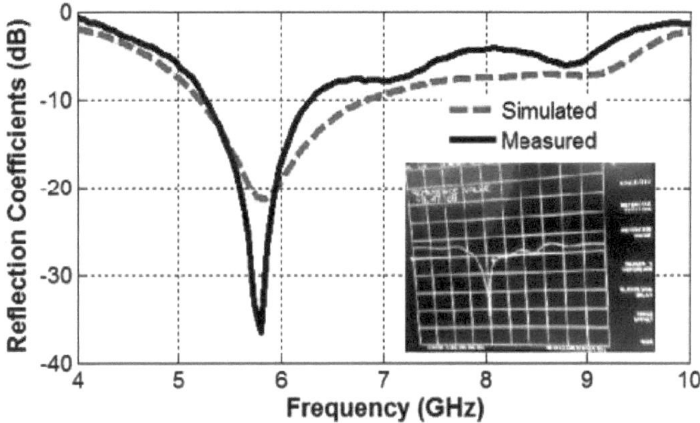

Figura V.47: Coeficiente de reflexão simulado e medição da antena proposëe.

A figura V.48 mostra uma fotografia do parâmetro S_{11} medido pelo analisador de rede vetorial Agilent 8719ES.

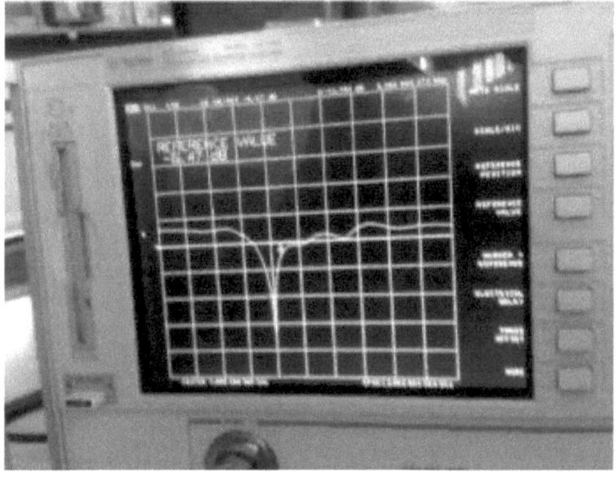

Figura V.48: Fotografia do parâmetro S_{11} medido pelo analisador de VR.

5.5.2. Diagrama de radiação

Os padrões de radiação do projeto proposto são calculados e medidos nos dois planos principais (plano XZ e plano YZ) à frequência central de 5,8 GHz e representados na Figura V.49. O comportamento de radiação da antena é quase bidirecional no plano XZ e omnidirecional no plano YZ.

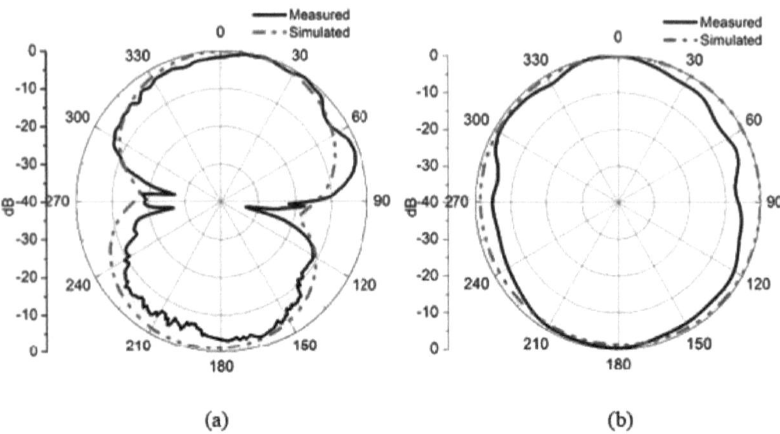

Figura V.49: Padrão de radiação simulado e medições a 5,8 GHz em; (a) plano XZ, (b) plano YZ.

5.5.3. Ganho

A Figura V.50 mostra o ganho reяHзë da antena proposëe obtida a partir de simulação e medições. A partir dessas curvas, pode-se observar que o ganho reяHзë é quase estável na faixa de frequência de operação e que o valor máximo de ganho fornecido pela antena proposta é de cerca de 2,5 dB na frequência de ressonância de 5,8 GHz.

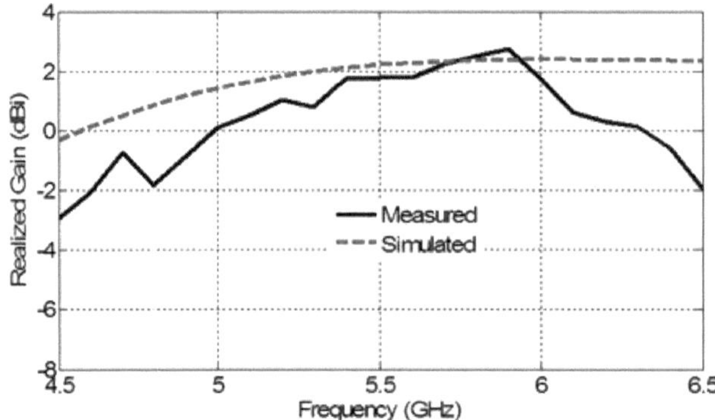

Figura V.50: Ganho reяHзë simulado e medido da antena proposëe.

5.6. Comparação com projectos recentes de antenas

Nesta secção, a estrutura de antena proposta é comparada (largura de banda e tamanho) com os modelos de antena mono/banda dupla recentemente publicados para a aplicação WLAN de 5,2/5,8 GHz (a partir do coeficiente de reflexão medido inferior a - 10 dB).

A Tabela V.6 mostra uma comparação entre a antena proposta e outros projectos recentes de antenas. A partir desta tabela, pode concluir-se que a antena proposta é a mais compacta em comparação com as outras e que oferece uma largura de banda de 1 GHz que cobre a banda WLAN da norma 802.11a.

Tabela V.6: Comparação entre a antena proposta e projectos de antenas recentes.

Referência	en/Ganho (GHz/dBi)	Largura de	[2]Tamanho incluindo a	Largura de banda na

		banda (GHz)	planta baixa (mm)	frequência mais baixa
[13]a	5.6/8.18	5.2-6.1	40 x 40	0,746X0X0,746X0
[14]a	5.1/-	4.7-6.2	20 x 20	0,34X0X0,34X0
[15]b	6.2/1.8	5 -7.2	15 x 15	O.31X0XO.31X0
[16]b	5.2/8.2	5 - 5.2	36 x 30	O.624X0XO.52X0
[17]a	5.8/14	5 - 6	23 x 23	0,444X0x0,444X0
[18]b	5.2/1.71	5.1-5.4	24 x 16	0,416X0X0,277X0
[19]a	5/6.5	4.8 - 6.6	*n* (32)?	0,945X0X0,945X0
[20]a	5.8/5.1	5.1-6.83	11 x 13	0,213X0X0,251X0
[21]b	6.3/<0	6.1-6.5	11 x 15	0,231X0X0,315X0
[22]a	5.8/3.1	5.4-6	13 x 19.8	0,251X0X0,383X0
Este trabalho	5.8Z2.5	5.2-6.2	10 x 6	0,193X0X0,116X0

ab) banda única,) banda dupla ou multibanda

6. Conclusão

Neste capítulo, apresentámos e fabricámos duas antenas monopolo rectangulares impressas (banda estreita e banda larga) miniaturizadas utilizando a técnica DGS:

Para a primeira antena discutida na Secção 4, a utilização da forma de L invertido no plano de terra e a ranhura na linha de alimentação permitem a miniaturização e reduzem a frequência de ressonância por um fator de aproximadamente 3. O resultado é uma largura de banda estreita entre 4,926 e 5,198 GHz para as medições e entre 5,144 e 5,668 GHz para as simulações (s_{11} inferior a -10 dB). [2]O tamanho da antena proposta é de 14,5 x 8 mm impressa num substrato FR-4 com 1,6 mm de espessura.

Para a segunda antena apresentada na secção 5, a técnica de estrutura de defeitos da placa de terra (GDS) é utilizada com êxito para reduzir a placa de terra, cortando uma grande ranhura para conseguir a miniaturização (a ranhura retangular gravada representa uma redução de 75% na área da placa de terra impressa, o que proporciona uma elevada miniaturização). A estrutura da placa de massa é constituída por uma forma de L invertido. O elemento radiante retangular tem um tamanho de 6 x 5 mm2 e está ligado a uma linha de alimentação microstrip. A frequência de ressonância simulada e medida da antena de banda única é de cerca de 5,8 GHz e pode cobrir uma largura de banda de mais de 1 GHz para medição e 1,65 GHz para simulação. Os dados simulados e medidos estão em boa concordância. [2]A antena proposta é muito compacta (10 x 6 mm).

A largura de banda obtida para as duas antenas cobre o espetro da banda WLAN 802.11a.

Bibliografia do capítulo V

[1] https://media.rs-online.com/t_large/F5265757-01.jpg

[2] https://media.rs-online.com/t_large/F1939117-01.jpg

[3] https://literature.cdn.keysight.com/litweb/pdf/5990-7745EN.pdf?id=2052675

[4] http://vi.raptor.ebaydesc.com/ws/eBayISAPI.dll?ViewItemDescV4&item=14239619 8652 &category=40004&pm=1&ds=0&t=1516404847000&ver=0

[5] https://www.keysight.com/en/pdx-x201876-pn-N5224A/pna-microwave-network-analyzer-435-ghz?pm=spc&nid=-32497.1150216&cc=DZ&lc=eng

[6] https://www.testworld.com/wp-content/uploads/user-guide-keysight-agilent-hp-8719et-
8720et-8722et-8719es-8720es-8722es-network-analyzers_new.pdf

[7] Estes doutoramento em дёше ëlectroшque e ëlectrics, Shaozhen Zhu, 'Wearable Antennas For Personal Wireless Networks', Universo de Sheffield, janeiro de 2008.

[8] http://www.s3m-faraday.fr/mediastore/1/35107_1_FR_110_x.jpg

[9] Farouk Chetouah, Nacerdine Bouzit, Idris Messaoudene, Salih Aidel, Massinissa Belazzoug, Youcef Braham Chaouche, 'Miniaturized printed retangular monopole antenna with a new DGS for WLAN applications', Simpósio Internacional de Redes, Computadores e Comunicações (ISNCC2017), Pp. 1-4, Marraquexe, Marrocos, 16-18 de maio de 2017.

[10] Farouk Chetouah, Salih Aidel, Nacerdine Bouzit, Idris Messaoudene, 'A miniaturized printed monopole antenna for 5.2-5.8 GHz WLAN applications', International Journal of RF and Microwave Computer-Aided Engineering, 2018.

[11] Teoria da antena: Análise Projeto, Terceira Edição, Constantine A. Balanis, Chapter 14: Microstrip Antennas, Pp. 826-831, John Wiley & Sons, Inc, 2005.

[12] J. Yang, H. Wang, Z. Lv, e H. Wang, "Design of Miniaturized Dual-Band Microstrip Antenna for WLAN Application," Sensors, Vol. 16, No. 7, Jul. 2016.

[13] Elsdon M, Yurduseven O, Dai X. *Antena de célula solar metamaterial de banda larga para comunicação Wi-Fi de 5 GHz*. Prog Electromagn Res C. 2017 ;71:123 - 131. Vol.

[14] Ojaroudi Y, Ojaroudi N, Ghadimi N. *Antena de slot de microfita polarizada circularmente com um par de fendas em forma de esporão para aplicações WLAN*. Microw Opt Technol Lett. 2015 ;57(3):756 - 759.

[15] Alibakhshi-Kenari M. *Antena monopolar impressa miniaturizada com aplicação do plano condutor modificado e três tiras incorporadas baseadas em CPW para dispositivos de telecomunicações multibanda*. Int J Microw Wireless Technol. 2016 ;8(08):1 - 5

[16] Yang H-L, Yao W, Yi Y, Huang X, Wu S, Xiao B. *Uma antena vestível de banda dupla de baixo perfil habilitada para metasuperfície para dispositivos WLAN*. Prog Electromagn Res C. 2016 ;61:115 - 125.

[17] Liu L, Li Y, Zhang Z, Feng Z. *Antena helicoidal compacta com pequeno solo alimentado por linha de microfita em forma de espiral*. Electron Lett. 2014 ;50(5):336 - 338.

[18] Chakraborty U, Kundu A, Chowdhury SK, Bhattacharjee AK. *Antena compacta de microfita de banda dupla para aplicação IEEE 802.11a WLAN*. IEEE Antenna Wireless Propag Lett. 2014 ;13:407 - 410.

[19] Wong H, So KK, Gao X. *Melhoria da largura de banda de uma antena monopolar com ranhura em forma de V para comunicações carro-a-carro e WLAN*. IEEE Trans Vehic Technol. Mar. 2016;65(3):1130 - 1136.

[20] Liu W-C, Hu Z-K. *Antena monopolar de ranhura dobrada alimentada por CPW de banda larga para aplicação RFID de 5,8 GHz.* Electron Lett. 2005 ;41 (17):937 - 939.
[21] Alam MJ, Faruque MRI, Islam MT. *Projeto de antena de patch de microfita quadrilateral multibanda dividida para sistema de comunicação moderno*. Microw Opt Technol Lett. 2017 ;59(7):1530 - 1538.
[22] Pandeeswari R, Raghavan S. *Antena monopolar de ressonador de anel dividido hexagonal alimentada por CPW meandrada para aplicações RFID de 5,8 GHz*. Microw Opt Technol Lett. 2015 ;57(3):681 - 684... Não.

Conclusão geral

Este livro apresenta a análise, o projeto e a modelação de novas estruturas planares de micro-ondas para aplicações em sistemas de comunicação. A nossa motivação tem ël.ë o dëfi de melhorar a largura de banda de antenas pequenas, de baixo custo e fáceis de fabricar.

Neste trabalho, as caraterísticas ëlectricas e ëlectromagnëticas das antenas planares têm ël ë discutëes comparando as duas tecnologias; microstrip e ressonador diëlectrico.

Foram descritas várias abordagens tlK'oricas para antenas (ESA) com diferentes técnicas de miniaturização e os trabalhos de investigação mais relevantes.

Uma nova antena miniaturizada de ressonador dielétrico foi estudada e analisada numericamente utilizando dois simuladores electromagnéticos: Ansoft HFSS e CST. A estrutura estudada consiste num ressonador dielétrico retangular empilhado com uma camada espessa de material dielétrico com uma permissividade muito elevada. Com esta técnica, o elemento radiante pode ser reduzido em até 90%.

O material cerâmico BST com elevada permissividade dieléctrica é utilizado para conseguir esta miniaturização. São apresentadas as suas propriedades dieléctricas (constante dieléctrica dependente do campo, sintonização e tangente de perda) e as técnicas de desenvolvimento de películas finas de BST.

Os resultados obtidos são expressos em termos dos coeficientes de reflexão e das caraterísticas de radiação da antena proposta, com os efeitos dos parâmetros do ressonador dielétrico no coeficiente de reflexão. A antena proposta opera em torno de 2,31 GHz e fornece uma largura de banda de impedância de 20 MHz entre 2,31 GHz e 2,33 GHz. Com estas caraterísticas, a antena RD proposta pode ser uma candidata adequada para sistemas de serviço de comunicações sem fios (WCS).

A descrição do equipamento de medição utilizado e o procedimento de fabrico dos protótipos de antenas foram discutidos. Foi efectuado um estudo e uma análise numérica e experimental de duas antenas de microfita ligadas a uma linha de alimentação de microfita miniaturizada utilizando a técnica DGS "L inverso". As vantagens destas antenas fabricadas são: conceção simples com material de baixo custo, tamanho miniaturizado do patch e espetro de banda WLAN 802.11a.

[2]Os resultados mostram que a segunda antena, que tem uma área de remendo mais pequena e um tamanho total de 10 x 6 mm, tem uma largura de banda larga de mais de 1 GHz. Em contraste, a primeira antena pode cobrir um espetro estreito de 272 MHz, apesar do seu tamanho total maior (14,5 x 8 mm2). Este facto é explicado pelo efeito do tamanho do plano de terra e da sua localização (posição da forma de "L invertido") na miniaturização e na largura de banda da antena de microfita.

Os três projectos discutidos mostram claramente a importância da técnica de carregamento de uma antena de ressonador dielétrico retangular utilizando uma película fina de material de permissividade muito elevada e a técnica de estrutura de defeito do plano de terra (GDS) na miniaturização de antenas planares.

Finalmente, o nosso trabalho de investigação é de interesse definitivo no domínio da miniaturização das antenas planares e enriquecerá, sem dúvida, as aplicações sem fios, nomeadamente as WLAN. Pode ser alargado por trabalhos com as seguintes perspectivas:

- Conceção de antenas planas utilizando outras técnicas de miniaturização.
- Estas técnicas podem ser aplicadas a antenas com várias portas (antenas MIMO).
- Melhorar o ganho de antenas eletricamente pequenas (ESA).

Printed by Books on Demand GmbH, Norderstedt / Germany